石油教材出版基金资助项目

石油高职院校特色教材

油 田 化 学

周小玲 孟祥江 编

石油工业出版社

内 容 提 要

全书内容包括与油田化学密切相关的表面现象和胶体化学以及表面活性剂与高分子基础知识、钻井化学、采油化学、集输化学以及相应的试验。

本书可作为高职院校的教材，亦可供现场操作技术人员、油田化学品生产技术人员及有关专业人员阅读参考。

图书在版编目（CIP）数据

油田化学/周小玲，孟祥江编．
北京：石油工业出版社，2010.8
石油高职院校特色教材
ISBN 978-7-5021-7983-0

Ⅰ．油…
Ⅱ．①周…②孟…
Ⅲ．石油化工-高等学校：技术学校-教材
Ⅳ．TE65

中国版本图书馆 CIP 数据核字（2010）第 164874 号

出版发行：石油工业出版社
　　　　（北京安定门外安华里 2 区 1 号　100011）
　　　网　址：www.petropub.com
　　　编辑部：(010)64523574　发行部：(010)64523633
经　销：全国新华书店
排　版：北京乘设伟业科技有限公司
印　刷：北京中石油彩色印刷有限责任公司

2010 年 8 月第 1 版　2016 年 1 月第 4 次印刷
787 毫米×1092 毫米　开本：1/16　印张：8.75
字数：220 千字

定价：16.00 元
（如出现印装质量问题，我社图书营销中心负责调换）
版权所有，翻印必究

前　言

　　油田化学是用化学的手段与方法，研究解决油气勘探、开发、储运包括钻井、完井、采油、增产、改造、集输、管输各工程环节相关问题过程中，所形成的化学工程应用技术与化学产品技术的总称。油田化学技术是石油工程技术中的关键技术之一。油田化学品包括钻井液化学品、固井化学品、井下采油化学品、提高采收率化学品、集输化学品、水处理化学品、防腐化学品等化学助剂，它作为保障石油开发目标实现和石油生产安全的重要战略物资，不仅具有高新技术特点，而且具有不可替代的作用。

　　本书共分为九章。第一、第二章介绍了与油田化学密切相关的表面现象和胶体化学基础知识以及表面活性剂与高分子的基础知识；第三、第四、第五章着重介绍和讨论了钻井化学，包括钻井液化学、水泥浆化学(固井液化学)、完井液化学的基础知识，应用中的常见问题与工艺性能控制方法，相关化学品的性能与应用；第六、第七章着重介绍和讨论了采油化学，包括油水井化学改造、化学驱油理论概念及方案、应用中的常见问题与工艺技术解决方法、相关化学品的性能与应用；第八章着重介绍和讨论了集输化学，包括油气管输化学处理、油气水分离及其化学处理、集输设备防腐化学处理等领域的理论概念及方案，应用中的常见问题与工艺技术解决方法，相关化学品的性能与应用；第九章是为提高对关键问题的理解及知识的掌握编写的相应实验。

　　本书是作者依据自己历年针对高职技术学院相关专业授课讲义，参考国内已出版的有关专著，并结合现场应用实践，吸纳国内外有关研究最新进展编著而成的。由于作者水平所限，书中难免存在疏漏和不当之处，敬请读者批评指正并提出宝贵意见。

编　者
2010 年 5 月

目 录

绪论 …………………………………………………………………………… (1)

第一章 表面现象和胶体化学 ………………………………………………… (3)
第一节 表面张力 ………………………………………………………… (3)
第二节 表面现象 ………………………………………………………… (6)
第三节 胶体化学 ………………………………………………………… (12)
习题一 …………………………………………………………………… (20)

第二章 表面活性剂与高分子 ………………………………………………… (22)
第一节 表面活性剂 ……………………………………………………… (22)
第二节 高分子化合物 …………………………………………………… (30)
习题二 …………………………………………………………………… (35)

第三章 钻井液化学 …………………………………………………………… (36)
第一节 钻井液的功能与组成 …………………………………………… (36)
第二节 钻井液处理剂 …………………………………………………… (40)
习题三 …………………………………………………………………… (52)

第四章 水泥浆化学 …………………………………………………………… (53)
第一节 水泥浆的作用与组成 …………………………………………… (53)
第二节 水泥外加剂 ……………………………………………………… (55)
第三节 水泥外掺料 ……………………………………………………… (57)
习题四 …………………………………………………………………… (58)

第五章 完井液化学 …………………………………………………………… (59)
第一节 完井液与油气层保护 …………………………………………… (59)
第二节 完井液的组成及作用 …………………………………………… (60)
习题五 …………………………………………………………………… (63)

第六章 油水井的化学改造 …………………………………………………… (64)
第一节 注水井调剖法 …………………………………………………… (64)
第二节 油井堵水法 ……………………………………………………… (67)
第三节 油水井的防砂法 ………………………………………………… (71)
第四节 油井的防蜡与清蜡 ……………………………………………… (73)
第五节 油水井的酸化 …………………………………………………… (76)
习题六 …………………………………………………………………… (80)

第七章　化学驱油法 (81)
第一节　概述 (81)
第二节　聚合物驱 (83)
第三节　表面活性剂驱 (85)
第四节　碱驱 (90)
第五节　复合驱 (91)
习题七 (93)

第八章　集输化学 (94)
第一节　原油的破乳处理 (94)
第二节　天然气处理 (96)
第三节　原油的输送 (100)
第四节　集输系统的腐蚀与防腐 (104)
第五节　油田污水处理 (109)
习题八 (111)

第九章　实验 (112)
实验一　表面张力的测定 (112)
实验二　表面活性剂类型的鉴别 (114)
实验三　表面活性剂 HLB 值的测定 (116)
实验四　聚丙烯酰胺的合成与水解 (117)
实验五　粘度法测定高分子的相对分子质量 (118)
实验六　乳状液的制备和性质 (120)
实验七　表面活性剂增溶作用的测定 (122)
实验八　油田污水含油量的测定 (124)

附录 (126)
附录一　水的饱和蒸气压、密度、粘度及表面张力 (126)
附录二　不同温度时部分液体的密度 (127)
附录三　不同温度时部分液体的表面张力 (128)
附录四　部分表面活性剂的 HLB 值 (129)
附录五　表面活性剂在水溶液中的临界胶束浓度 CMC (130)

参考文献 (132)

绪　论

一、概念与基本内容

使用化学的手段研究和解决各应用领域化学问题的科学统称为应用化学。在油气开发、使用等应用领域,使用化学的手段研究和解决该领域化学问题的科学称为油气应用化学,其包括三个子学科:研究油气勘探开发相应各环节,钻井、采出和集输过程中化学问题的油田化学;研究以石油为原料进行炼制深加工过程中化学问题的石油化学;研究以天然气为原料进行深加工过程中化学问题的天然气化学。20世纪60年代,在国际石油界首先出现了"油田化学"(oil field chemistry)这一名词。目前已广泛应用到石油地质、钻井工程、油藏工程、采油工程、油气集输工程以及微生物工程等各个领域,是油气应用化学领域的一支新兴边缘学科。

油田化学是用化学的手段与方法,研究、解决油气勘探、开发、储运包括钻井、完井、采油、增产、改造、集输、管输各工程环节相关问题过程中,所形成的化学工程应用技术与化学产品技术的总称。油田化学技术是石油工程技术中的关键技术之一。油田化学品包括钻井液化学品、固井化学品、井下采油化学品、提高采收率化学品、集输化学品、水处理化学品、防腐化学品等化学助剂,它作为保障石油开发目标实现和石油生产安全的重要战略物资,不仅具有高新技术特点,而且具有不可替代的作用。

油田化学包括钻井化学(研究钻井液、固井液与完井液中的化学问题)、采油化学(研究提高原油采收率中的化学问题)、集输化学(研究地层采出液中油、气、水分离及处理过程,油气输送过程与埋地管道腐蚀中的化学问题)三部分。

油田化学按研究与解决问题不同,其内容包括三个方面:一是研究油气田开发钻井、采油、集输过程中所涉及化学问题的本质原因及规律;二是针对存在问题,研究作用机理并设计适用的油田化学品;三是研究油田化学品的协同效应与最优使用条件及方法。

二、油田化学的特点

(1)油田化学是一门新兴的综合性应用科学。随着石油工业的发展和科学技术的进步,油田化学品和油田化学应用方法在石油工业中的使用日益广泛,油田化学品新品种的研制和应用技术的研究,在国际上越来越受到重视。油田化学技术的研究和开发需要多种学科的交叉和配合。由于油田化学以石油工程(如石油地质学、油藏物理、钻井工程和采油工程等)、化学(如有机合成、表面与胶体化学和高分子化学与物理学等)、化工(如流体输送、传热和传质过程、反应工程等)为基础,并涉及腐蚀工程、环境保护工程及微生物学等学科,因此油田化学是一门需要多种学科知识的新兴应用学科。

(2)油田化学针对性强,为适应油田地层条件的不同和原油组成的差异性,形成的油田化学品种类繁多。若按油田化学品的用途来分类,主要有钻井液处理剂、油井水泥外加剂、酸化压裂添加剂、井下采油处理剂、集输处理剂、水处理剂、三次采油化学剂等。据不完全统计,世界各国仅钻井液处理剂就有18类,2606个品种。虽然在油井水泥中,其外加剂的加入量小于或等于5%,但其产品也有13类,216个品种。近些年来,我国油田化学品已有了迅速发展,生产厂达300余家,产品品种约有500个。仅在我国油田目前已采用的25种堵水剂和18种调剖剂的配制液中,就需要106种化工产品,在酸化压裂过程中所需的添加剂也达40多种。

（3）油田化学是一个复杂的系统工程，不仅要考虑油田化学品对地层、油层的配伍性及针对性，同时必须和施工工艺技术方法结合起来。由于油田化学的多学科性，给油田化学品的研制和使用带来了复杂性，加之影响室内模拟试验和单井试验的因素较多（如油田化学品的性能和施工方法及工艺条件等），研制油田化学品与创新工艺技术的周期较长。

（4）油田化学与油气层保护紧密相关。油田化学技术在油田开发、提高原油采收率和降低成本等方面发挥了显著作用，但如果对其应用不当，必将造成重大损失和影响。

（5）油田化学具有高新技术特色。油田化学作为一门新兴的应用学科，越来越呈现出诸多高新技术的特点。纳米技术、生物技术与信息技术一起，被誉为21世纪的三大高新技术。纳米技术、生物技术在油田化学技术中的应用越来越广泛；化学成膜理论、表面与界面理论、智能聚合物理论、生物聚合物等理论，都是当今物理化学、表面化学、高分子化学、生物化学等领域的研究热点，体现出较多的高新技术特点。

三、油田化学与其他学科的关系

油田化学本身就是关于油田化学工程应用技术与油田化学品技术的综合科学，因此与其他学科有着紧密的联系，具体如下：

（1）油田化学面对地层、油气层的针对性特点，决定了它与地质学尤其是油藏地质、粘土矿物学的关系。

（2）油田化学是用化学的手段认识与解决相关问题，因此无机化学、有机化学、分析化学、物理化学、表面化学、胶体化学、生物化学、环境化学等学科均是本学科的基础。

（3）油田化学的应用技术特点，决定了它与各工程学科，如钻井工程、采油工程、集输工程、油藏工程、防腐工程、水处理工程等工程学的关系是密切相连、互为基础的。

（4）油田化学是通过油田化学品的有效使用来解决相关问题，因此高分子化学、高分子合成、化工等专业学科自然成为油田化学又一重要基础。

第一章 表面现象和胶体化学

第一节 表面张力

表面是指体系中两相接触的界面。根据两相的物理状态不同又分为气液界面、气固界面、液固界面、液液界面等。通常把两相中有一相为气相的界面称为表面,但习惯上也常将界面称为表面。表面现象是指发生在表面上的一切物理现象和化学现象,表面现象是自然界普遍存在的基本现象。

某些体系的表面积(界面积)相对于其质量是非常大的,如喷洒液体农药形成的气液界面、化工生产催化反应中催化剂与反应物之间的界面、钻井液中粘土与水的固液界面、在油气层中天然气与地层油或地层水间的气液界面、地层油与地层水之间的液液界面等,由此产生的表面现象对体系物理化学性质的影响是不能忽略的,尤其对油田中的钻井、采油和原油集输等过程有很大的影响。

一、表面张力

1. 表面张力的概念

在两相接触面上,相内部分子和相表面分子周围的环境是不一样的,相内部分子受周围相同分子的作用力是对称的,但相表面分子受内部分子的作用力与另一相分子的作用力,因此表面层的性质与内部不同。例如气液表面(图 1-1)受到液体内部分子的吸引力比从空气分子方向受到的吸引力强,因此液体表面的分子受到一个垂直向内的净拉力,在这种净拉力的影响下,处于液体表面的分子倾向于到液体内部,所以液体表面倾向于收缩。要扩大表面,就要把内部分子移到表面上来,这就需要克服净拉力做功。所做的功转变为表面分子的势能,因此表面分子的能量总比内部分子的能量高,这相差的能量叫表面能。显然,表面积越大,表面的分子越多,需做的功也越多,所以表面能 U_S 与表面积 A 成正比,即

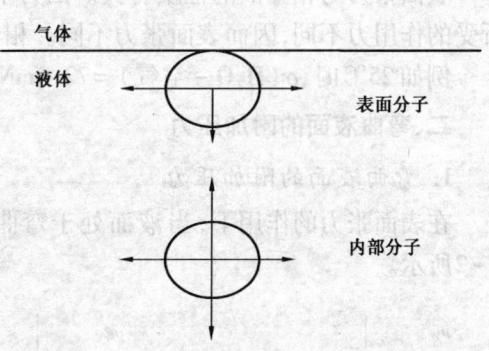

图 1-1 气液两相界面分子受力图

$$U_S \propto A$$

若以 σ 作比例常数,上式可以写为

$$U_S = \sigma A \tag{1-1}$$

或写成表面能的增量,即

$$\Delta U_S = \sigma \Delta A \tag{1-2}$$

ΔA 是表面积的增量。由式(1-1)和式(1-2)可以得到

$$\sigma = \frac{U_S}{A} = \frac{\Delta U_S}{\Delta A} \qquad (1-3)$$

式(1-3)中的比例常数 σ 为增加单位表面积体系所增加的表面能，σ 称为比表面能，它的单位为 $J \cdot m^{-2}$。从另一角度理解式(1-3)，σ 的单位也可表示为 $N \cdot m^{-1}$，即 σ 为垂直于单位长度作用线上的表面紧缩力，因此 σ 又称为表面张力，单位为 $N \cdot m^{-1}$。

2. 表面张力的方向

表面张力为表面上的紧缩力，因此对于平面，表面张力的方向是垂直于作用线因而在平面上；对于弯曲面，表面张力的方向是垂直于作用线并与弯曲面相切。

3. 影响表面张力的因素

表面张力是体系的物理性质，与体系的温度、压力及相界面的性质等有关。

(1) 温度。

表面张力随温度的升高而减小。这是因为温度升高体系的体积膨胀，分子间的距离增加，分子间吸引力减小，因此表面分子所受到的净拉力减小。

(2) 压力。

对于气液界面，表面张力随压力的增加而减小。这是由于压力增加，气体分子间的距离缩短，从而增加了气体分子对液体表面分子的吸引力，所以表面分子所受到的净拉力减小，因此表面张力下降。压力对液液界面、液固界面的表面张力影响很小。

(3) 相界面的性质。

表面张力与相界面的性质有关。因为不同的物质具有不同的分子间作用力，使表面分子所受的作用力不同，因而表面张力不同。相界面两相的性质相差越悬殊，表面张力越大。

例如25℃时，$\sigma(H_2O-空气)=72.0 mN \cdot m^{-1}$，$\sigma(H_2O-苯)=32.6 mN \cdot m^{-1}$。

二、弯曲液面的附加压力

1. 弯曲液面的附加压力

在表面张力的作用下，当液面处于弯曲时，其表面所受的压力与平液面是不同的，如图1-2所示。

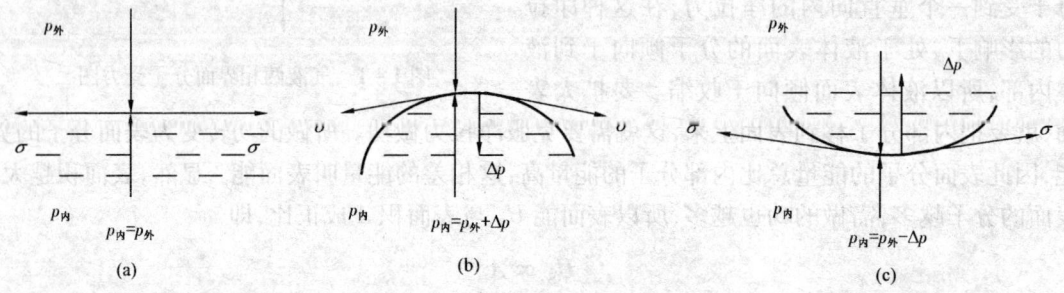

图1-2 弯曲液面的附加压力

当液面为平面时，如图1-2(a)所示，其表面张力 σ 的方向是水平的，平衡时表面张力互相抵消，这时液体表面内外压力相等。当液面为弯曲时，如图1-2(b)、图1-2(c)所示，其表面张力 σ 指向弯曲液面的切线方向，平衡时表面张力将有一合力 Δp，称为附加压力。如果液面呈凸面，附加压力 Δp 指向液体内部[图1-2(b)]；如果液面呈凹面，附加压力 Δp 指向液体外部[图1-2(c)]。这时液体表面内外压力不相等，即

液面呈凸面时:$p_内 = p_外 + \Delta p$　　　$p_内 > p_外$
液面呈凹面时:$p_内 = p_外 - \Delta p$　　　$p_内 < p_外$

2. 附加压力的计算——拉普拉斯公式

弯曲液面的附加压力 Δp 与表面张力和弯曲液面的曲率半径有关。图 1-3 为一液滴,其半径为 r,液滴表面内外的压力分别为 $p_内$、$p_外$,若液滴体积增加 $\mathrm{d}V$,表面积增加 $\mathrm{d}A$,则

体系对环境做功 δW_1: $\delta W_1 = p_内 \mathrm{d}V$

环境对体系做功 δW_2: $\delta W_2 = p_外 \mathrm{d}V$

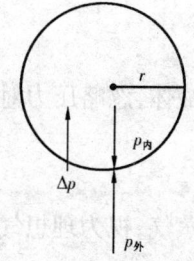

图 1-3　液滴的附加压力

由于表面积的增加使液滴的表面能增加 $\mathrm{d}U_S$,故

$$\begin{aligned}\mathrm{d}U_S &= \delta W_1 - \delta W_2 \\ &= p_内 \mathrm{d}V - p_外 \mathrm{d}V \\ &= (p_内 - p_外)\mathrm{d}V \\ &= \Delta p \mathrm{d}V\end{aligned}$$

Δp 为附加压力。据式(1-2)有

$$\mathrm{d}U_S = \sigma \mathrm{d}A = (p_内 - p_外)\mathrm{d}V$$

而 $\mathrm{d}V = \mathrm{d}(4/3 \pi r^3) = 4\pi r^2 \mathrm{d}r$,$\mathrm{d}A = \mathrm{d}(4\pi r^2) = 8\pi r \mathrm{d}r$,代入整理得

$$\Delta p = \frac{2\sigma}{r} \tag{1-4}$$

式(1-4)称为拉普拉斯(Laplace)公式。可见,表面张力越大,曲率半径越小,附加压力越大;反之,附加压力越小。从式(1-4)可得到以下几点:

(1)若液面为凸面,则 $r > 0$,$\Delta p > 0$,$p_内 > p_外$;若液面为凹面,则 $r < 0$,$\Delta p < 0$,$p_内 < p_外$;若液面为平面,则 $r = \infty$,$\Delta p = 0$,$p_内 = p_外$。

(2)若为气泡,存在两个气液界面,式(1-4)变为 $\Delta p = \dfrac{4\sigma}{r}$。

3. 微小液滴的饱和蒸气压——开尔文公式

在一定温度 T 时,某液体与其饱和蒸气呈平衡

$$\text{液体}(T, p_1) \rightleftharpoons \text{饱和蒸气}(T, p_s)$$

其中 p_1 是液体所受的压力,p_s 是饱和蒸气的压力。如果把液体分散成半径为 r 的小液滴,由于附加压力小液滴所受到的压力与平液面所受到的压力不同,为 $(p_1 + \Delta p)$,因此小液滴的饱和蒸气的压力也会发生改变,小液滴与其饱和蒸气呈平衡

$$\text{小液滴}(\text{半径} r, T, p_1 + \Delta p) \rightleftharpoons \text{饱和蒸气}(T, p_r)$$

若液体到小液滴过程的吉布斯自由能改变值为 ΔG_l,液体饱和蒸气到小液滴饱和蒸气过程的吉布斯自由能改变值为 ΔG_g,则

$$\Delta G_l = \Delta G_g$$

吉布斯自由能改变值为 ΔG

$$\Delta G = \int V \mathrm{d}p$$

对于液体,忽略压力对体积的影响

$$\Delta G_1 = \int V_1 \mathrm{d}p = V_1(p_1 + \Delta p - p_1) = V_1 \Delta p$$

对于蒸气,视为理想气体

$$\Delta G_\mathrm{g} = \int V_\mathrm{g} \mathrm{d}p = \int RT \mathrm{d}\ln p = RT \ln \frac{p_\mathrm{r}}{p_\mathrm{s}}$$

故

$$\ln \frac{p_\mathrm{r}}{p_\mathrm{s}} = V_1 \frac{\Delta p}{RT}$$

根据拉普拉斯公式,附加压力 $\Delta p = \dfrac{2\sigma}{r}$,液体的摩尔体积 $V_1 = \dfrac{M}{\rho}$(M 是物质的摩尔质量,ρ 是物质的密度),所以

$$\ln \frac{p_\mathrm{r}}{p_\mathrm{s}} = \frac{2\sigma M}{\rho RT r} \tag{1-5}$$

式(1-5)称为开尔文(Kelvin)公式。该式说明液滴半径越小,蒸气压力 p_r 越大。

第二节 表面现象

一、润湿

润湿是一种表面现象,发生在液体与固体两相界面之间。当把液体滴在固体表面上时,若液体在固体表面自动展开,则称为润湿;若液体在固体表面不能展开而呈球形状态,则称为不润湿。从体系能量的变化方面来看,由于体系从气固表面变成液固表面,引起体系表面能量的改变:若体系的表面能降低,则称为润湿;若体系的表面能增加,则称为不润湿。在油田开采中润湿是一种很普遍的表面现象,例如油在地层表面是否易于铺开就是一种与润湿有关的现象,这种现象直接与原油的采收率相关;钻井液的配制、驱油剂的选择和各种处理剂的使用都要考虑液体与固体之间的润湿情况。

若将液体滴入固体表面上(图1-4),固体与液体的接触面积为 A,液体与固体及气体与固体之间的表面张力分别为 $\sigma_\mathrm{l-s}$、$\sigma_\mathrm{g-s}$,则变化过程表面能的增量为

$$\Delta U_\mathrm{S} = U_\mathrm{S终} - U_\mathrm{S始}$$

据式(1-1),得:$U_\mathrm{S始} = \sigma_\mathrm{g-s} A$,$U_\mathrm{S终} = \sigma_\mathrm{l-s} A$,代入上式

$$\Delta U_\mathrm{S} = \sigma_\mathrm{l-s} A - \sigma_\mathrm{g-s} A$$
$$= (\sigma_\mathrm{l-s} - \sigma_\mathrm{g-s}) A$$

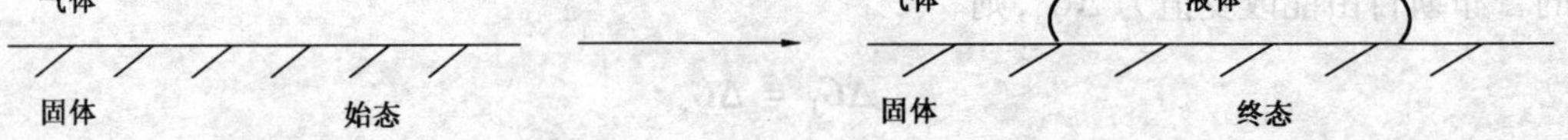

图1-4 液滴在固体表面上的状态

若$(\sigma_{l-s}-\sigma_{g-s})<0$，$\Delta U_S<0$，表面能降低，表示体系中液固表面能替代气固表面，这个变化过程为润湿。若$(\sigma_{l-s}-\sigma_{g-s})>0$，$\Delta U_S>0$，表面能增加，表示体系中液固表面不能替代气固表面，这个变化过程为不润湿。衡量液体与固体的润湿程度常用接触角和粘附功。

1. 接触角（润湿角）

若表面上有一液滴，则接触角（润湿角）是指通过气液固三相交点对液滴表面所作切线与液固界面所夹的角。接触角常用θ表示。如图1-5表示的是水和汞与玻璃表面的接触角。

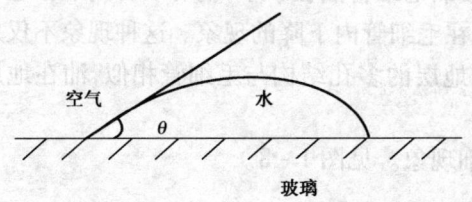
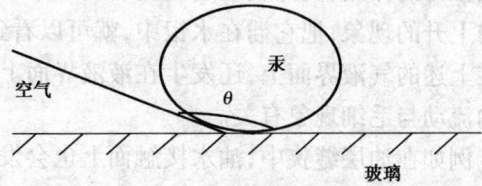

图1-5 液体的润湿性与接触角

由于水和汞与玻璃板的润湿性不同，其形状是不相同的。水能润湿玻璃，水在玻璃板上展开；而汞不能润湿玻璃，汞在玻璃板上呈球形状，所以接触角不同。

接触角θ可以根据杨氏（Young）方程计算。图1-6中O点为气液固三相交点，在O点存在三种表面张力：σ_{g-s}、σ_{g-l}、σ_{l-s}，其方向如图1-6所示。当这三种力达到平衡时存在下列关系

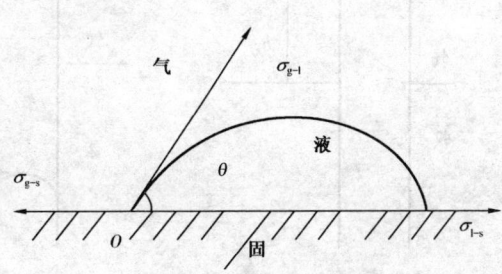

图1-6 接触角的计算

$$\sigma_{g-s}=\sigma_{l-s}+\sigma_{g-l}\cos\theta$$

$$\cos\theta=\frac{(\sigma_{g-s}-\sigma_{l-s})}{\sigma_{g-l}} \quad (1-6)$$

式（1-6）称为杨氏（Young）方程。当$\theta<90°$时，液体对固体能润湿；$\theta=0°$时，液体对固体完全润湿；当$\theta>90°$时，液体对固体不能润湿；$\theta=180°$时，液体对固体完全不润湿。

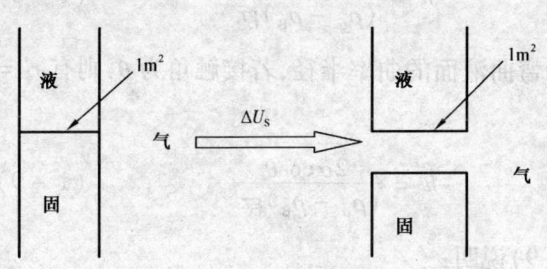

图1-7 粘附功

2. 粘附功

粘附功是指将单位固液界面在第三相中拉开，环境对系统所做的功，用$W_{粘}$表示。若液固接触面积为$1m^2$，气液固三相之间的表面张力为σ_{g-s}、σ_{g-l}、σ_{l-s}，在气相中液固界面拉开的过程中（图1-7），表面能变化为

$$\Delta U_S=\sigma_{g-s}+\sigma_{g-l}-\sigma_{l-s}$$

而表面能的增量就等于粘附功

$$W_{粘}=\sigma_{g-s}+\sigma_{g-l}-\sigma_{l-s}$$

据式(1-6),得

$$W_{粘} = (1 + \cos\theta)\sigma_{g-l} \tag{1-7}$$

式(1-7)说明,θ 越小,$W_{粘}$ 越大,即液体对固体的润湿程度越好。

二、毛细现象

毛细现象是指液体在毛细管中上升或下降的现象。毛细现象实际是液体在毛细管内受到附加压力的作用,流体发生宏观流动的现象。如把玻璃毛细管插在水中,就可以看到水在毛细管内上升的现象;把它插在水银中,就可以看到水银在毛细管内下降的现象。这种现象不仅发生在上述的气液界面上,还发生在液液界面上,储油地层的多孔结构与毛细管相似,油在地层中的流动与毛细现象有关。

例如在油层缝狭中,油水接触面上也会发生毛细现象。见图1-8。

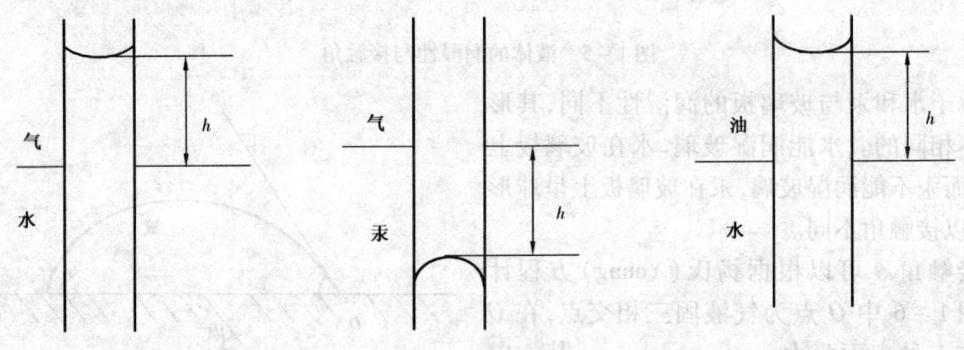

图1-8 毛细现象

从图1-8得到,当液体能润湿固体表面时,液体在管内呈凹面(接触角 $\theta < 90°$),液固界面产生的附加压力向上,使液面上升;当液体不能润湿固体表面时,液体在管内呈凸面(接触角 $\theta > 90°$),液固界面产生的附加压力向下,使液面下降。

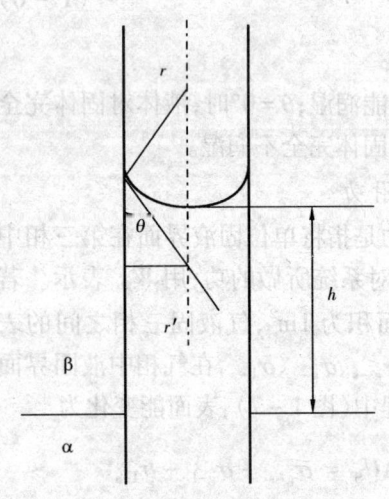

图1-9 毛细管升高现象

毛细管(半径为 r')插入 α、β 两相中,液体 α 能润湿毛细管,则液体在毛细管内上升 h(图1-9),设 α、β 的密度分别为 ρ_α、ρ_β,则液体 α 上升的高度 h 为

$$h = \frac{2\sigma}{(\rho_\alpha - \rho_\beta)gr} \tag{1-8}$$

而 r 为弯曲液面的曲率半径,若接触角为 θ,则有 $r' = r\cos\theta$,故

$$h = \frac{2\sigma\cos\theta}{(\rho_\alpha - \rho_\beta)gr'} \tag{1-9}$$

式(1-9)说明:

(1)毛细管中液面上升的高度与毛细管半径成反比。若液体 α 能润湿毛细管,$\theta \leq 90°$,$h > 0$,毛细管上升 h;若液体 α 不能润湿毛细管,$\theta > 90°$,$h < 0$,毛细管下降 h。

(2)两相密度差越小,表面张力越大,则毛细管上升或下降的高度越大。如果 β 相为气体(如空气),$\rho_\alpha - \rho_\beta \approx \rho_\alpha$,则

$$h = \frac{2\sigma\cos\theta}{\rho_\alpha g r'} \qquad (1-10)$$

如果 β 相为油，α 相为水（如采油），$\rho_\alpha = \rho_水$，$\rho_\beta = \rho_油$，则

$$h = \frac{2\sigma\cos\theta}{(\rho_水 - \rho_油)g r'} \qquad (1-11)$$

三、贾敏效应

当流体（水、原油）在地层中流动时，流体中的气泡或液珠对流体通过地层的细小岩缝（类似喉孔结构）是有阻碍的，这种流动阻力效应叫贾敏（Jamin）效应。贾敏效应也是毛细现象的一种。

如图 1-10 所示，流体中一个球形的气泡或液珠（半径为 R_2）通过细小岩缝（半径为 r'）时发生变形（有关压力和曲率半径标在图上），由式(1-4)计算附加压力得

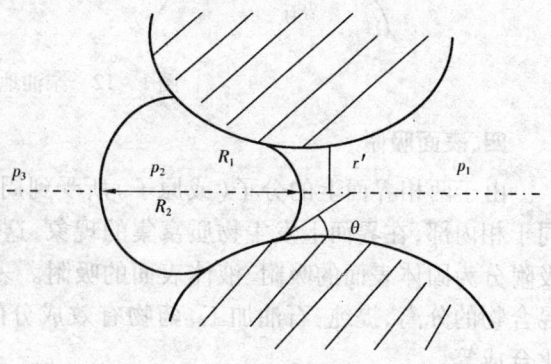

图 1-10 贾敏效应

$$p_2 - p_1 = \frac{2\sigma}{R_1}$$

$$p_2 - p_3 = \frac{2\sigma}{R_2}$$

其中 R_1 为气泡或液珠在细小岩缝中变形后的半径，即 $R_1 = r'/\cos\theta$。

将上两式相减，得

$$p_3 - p_1 = 2\sigma\left(\frac{1}{R_1} - \frac{1}{R_2}\right) \qquad (1-12)$$

即细小岩缝前后的压力差为 $(p_3 - p_1)$，p_3 大于 p_1，气泡或液珠才能通过细小岩缝，否则流体就被堵住。$(p_3 - p_1)$ 为贾敏效应产生的流动阻力。

不管地层的润湿性如何，贾敏效应始终是阻力效应。图 1-11 是发生在亲水地层的贾敏效应，贾敏效应发生在气泡或液珠通过细小岩缝之前。图 1-12 是发生在亲油地层的贾敏效应，贾敏效应发生在气泡或液珠通过细小岩缝之后。

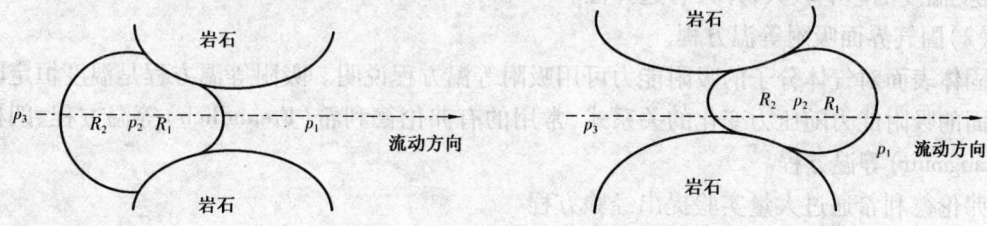

图 1-11 亲水地层的贾敏效应

贾敏效应是可以叠加的。气泡或液珠通过一系列细小岩缝时，总的贾敏效应是流动通道上各个细小岩缝贾敏效应的加和。即

$$\text{贾敏效应产生的流动阻力 } \Delta p = \sum (p_3 - p_1)_i$$

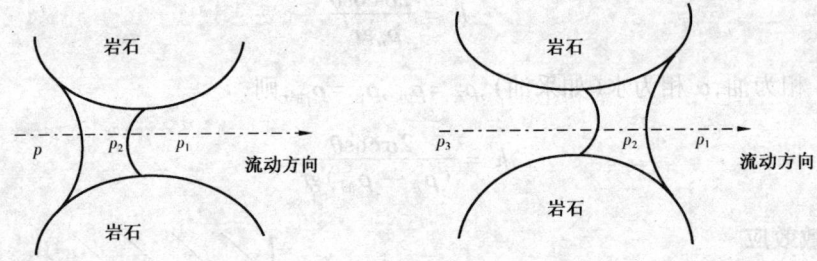

图 1-12 亲油地层的贾敏效应

四、表面吸附

由于两相界面上的分子(或原子)所受到周围分子的作用力是不对称的,使界面性质不同于相内部,在界面上发生物质富集的现象,这就是表面吸附。根据两相的状态不同,表面吸附分为固体表面的吸附、液体表面的吸附。表面吸附存在于各个领域,如自来水的净化、混合物的分离、提纯,石油加工,药物有效成分的吸附与控制释放,污水处理,空气净化,催化合成等。

1. 固气界面的吸附

在固气界面上,固体表面的分子(或原子)与气体分子(原子)间存在相互作用力,使气体分子滞留在固体表面上,固体表面发生气体分子富集的现象,这就是固气界面的吸附。通常将固体物质称为吸附剂,被吸附的气体物质称为吸附质。

(1)物理吸附与化学吸附。

按气体分子与固体表面的作用力的性质不同,把吸附分为两类,即物理吸附和化学吸附。物理吸附时,气体分子靠范德瓦尔斯(Van Der Waals)力吸附在固体表面,不发生电子转移或化学键的生成与断裂,表面与吸附分子的组成不变。由于范德瓦尔斯力存在于任何分子间,所以物理吸附没有选择性并且可以是单分子层吸附也可以是多分子层吸附。范德瓦尔斯力的作用弱,物理吸附的吸附速率和解吸速率都很快,且一般不受温度的影响。物理吸附一般用来研究固体物质的表面结构和性质,例如测定固体的表面积、孔径分布等,也常用于脱水、脱气、气体的净化和分离等。

化学吸附类似于化学反应,固体表面与气体分子间形成与化学键相似的吸附键,使气体分子被固定在固体表面上。与物理吸附不同,化学吸附是单分子吸附,吸附速率与解吸速率都较小,且受温度的影响较大,并具有选择性。

(2)固气界面吸附等温方程。

固体表面对气体分子的吸附能力可用吸附等温方程说明。吸附等温方程是温度恒定时固体表面的吸附能力随压力变化的关系式,常用的有弗伦德利希(Freundlich)等温方程、朗格缪尔(Langmuir)等温方程。

弗伦德利希通过大量实验提出经验方程

$$V = Kp^{1/n} \qquad (n > 1) \qquad (1-13)$$

式中 V——单位质量吸附剂吸附气体的体积,其大小表示固体吸附剂的吸附量;
K——常数,与温度、吸附剂种类有关;
n——常数,与吸附体系有关。

式(1-13)取对数可得直线方程

$$\lg V = \lg K + \frac{1}{n}\lg p \tag{1-14}$$

以 $\lg V$ 对 $\lg p$ 作图得到直线,可以求得 K、n 值。

朗格缪尔根据一些实验事实,提出了单分子层吸附理论模型,其基本要点包括:① 气体在固体表面是单分子层吸附;② 被吸附的气体分子间无作用力;③ 固体表面均匀,吸附能力处处相同。他还从动力学观点推导出单分子层吸附等温方程式

$$V = \frac{V_m b p}{(1 + bp)} \tag{1-15}$$

式中 V——压力为 p 时的吸附量;
V_m——压力为 p 时的饱和吸附量;
b——常数,与温度、吸附热有关。

式(1-15)可表示为

$$\frac{1}{V} = \frac{1}{V_m} + \frac{1}{V_m b}\frac{1}{p} \tag{1-16}$$

以 $1/V$ 对 $1/p$ 作图得到直线,可以求得 V_m、b 值。

2. 固液界面的吸附

在固液界面上,由于分子间的作用力,溶液中的某些组分(一般为溶质)在固液界面富集,使界面浓度与溶液内部浓度不同,这种现象就是固液界面的吸附。固体在溶液中的吸附比较复杂,原因是吸附剂不但吸附溶质还吸附溶剂,至今还没有像固体吸附气体理论那样较完整的吸附理论。

固体在溶液中的吸附虽然复杂,但测定吸附量的实验方法却比较简单。将一定量的固体吸附剂放入一定量的已知浓度的溶液中,恒温震荡使达到吸附平衡,测定溶液浓度,从浓度的变化可以计算单位质量吸附剂吸附溶质的物质的量(吸附量)。

设 c_0 和 c 分别表示吸附前后溶液的浓度,Γ 为吸附剂的吸附量,则

$$\Gamma = \frac{n}{m} = \frac{(c_0 - c)V}{m} \tag{1-17}$$

式中 n——溶质的物质的量;
m——固体吸附剂的质量;
V——溶液的体积。

按式(1-17)计算的吸附量 Γ 是固体吸附剂对溶液中溶质的吸附而没有考虑对溶剂的吸附。

对于固体在溶液中吸附的理论仍在研究中,但从大量实验中得到了固体吸附剂与溶液中溶质、溶剂的性质对吸附量的影响规律:

(1)同系有机物在溶液中被吸附时,吸附量随碳原子数的增加而增加。这个规律适合于吸附剂是非极性物质,如炭在水中吸附脂肪酸时,吸附量的顺序:丁酸 > 丙酸 > 乙酸 > 甲酸。

(2)溶质的溶解度越小,吸附量就越大。因为溶质的溶解度小,说明溶质与溶剂之间相互作用力弱,溶质就容易被固体吸附。

固液界面的吸附应用很广,例如活性炭脱色、污水处理以及采油中油层对表面活性剂的吸附等。

3. 溶液表面的吸附

溶液的表面张力大小不但与温度、压力有关,还与溶液的组成有关。在一定温度及压力下,水的表面张力随加入溶质的不同而变化(图1-13),通常有三种情况:一是表面张力随溶质浓度增加而升高(如无机盐氯化钠);二是表面张力随溶质浓度增加而降低(如有机物乙醇);

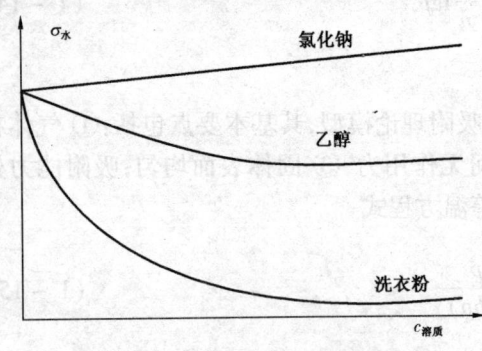

图1-13 表面张力与溶质的关系

三是表面张力随溶质浓度增加而急剧降低,溶质达到一定浓度后表面张力变化不大(如表面活性剂洗衣粉)。溶液的表面张力发生变化是因为溶质在溶液表面层的浓度与溶液内部的浓度不同,这种浓度差别称为溶液表面的吸附。如果表面浓度大于内部浓度,溶液表面的吸附称为正吸附,反之则称为负吸附。

吉布斯(Gibbs)用热力学方法在一定温度下推导出溶液的浓度、表面张力和吸附量之间的定量关系,即吉布斯(Gibbs)吸附等温方程

$$\Gamma = -\frac{c}{RT}\left(\frac{\partial \sigma}{\partial c}\right)_T \tag{1-18}$$

式中 c——溶液中溶质的浓度;

σ——溶液的表面张力;

Γ——溶质的吸附量(Γ为单位表面积上溶质过剩的物质的量,即为表面过剩量)。

从吉布斯吸附等温方程可得到下列结论:

(1)若$\left(\frac{\partial \sigma}{\partial c}\right)_T < 0$,即增加溶质的浓度使表面张力下降,则$\Gamma > 0$,溶液的吸附为正吸附,溶质在表面层的浓度大于溶液内部的浓度。部分有机物和表面活性剂属于这种情况(如图1-13所示)。

(2)若$\left(\frac{\partial \sigma}{\partial c}\right)_T > 0$,即增加溶质的浓度使表面张力升高,则$\Gamma < 0$,溶液的吸附为负吸附,溶质在表面层的浓度小于溶液内部的浓度。无机物属于这种情况(如图1-13所示)。

第三节 胶体化学

胶体化学是研究胶体的学科。胶体化学应用广泛,这一方面是由于胶体现象有自己的独特规律;另一方面是因为它与生产实际有着紧密的联系。在油田开发中,钻井、采油和原油集输等领域所涉及的体系许多为胶体,会遇到与胶体化学有关的各种问题,如钻井液是一种复杂的胶体,从油层采出的乳化原油是胶体,油水井堵水用的硅酸溶胶是胶体,油气分离和原油稳定过程中产生的泡沫是胶体。因此胶体化学是解决油田开发中各种问题的重要学科。

一、分散体系

1. 分散体系及其分类

分散体系是一种或几种物质分散在另一种物质中所构成的体系。分散体系中被分散的物质称为分散相(不连续相),寄存分散相的物质称为分散介质(连续相)。但是胶体化学所研究的并不是所有的分散体系,而是一些具有特殊性质的分散体系。

分散体系实际上就是混合体系,其种类很多,一般按下列方法分类。

(1) 按分散相粒子的大小不同可将分散体系分为四种,如表1-1所示。

表1-1 按分散相粒子的大小分类

分散体系	分散相粒子半径	分散相粒子状态	实例
溶液	$<1\times10^{-9}$m	原子、分子、离子	空气、盐溶液、合金
高分子溶液	$1\times10^{-9}\sim1\times10^{-7}$m	大分子(高分子)	聚丙烯酰胺溶液
溶胶	$1\times10^{-9}\sim1\times10^{-7}$m	胶粒(原子、分子的聚集体)(多相体系)	AgCl 溶胶、宝石
粗分散体系	$>1\times10^{-7}$m	粗颗粒(多相体系)	牛奶、豆浆、泥浆、乳化原油

(2) 按分散相、分散介质的聚集状态不同,可将分散体系分为五种,如表1-2所示。

表1-2 按分散相、分散介质的聚集状态分类

分散介质	分散相	名称	实例
气	气、液、固	气溶胶	空气、雾、烟
液	气、液、固	泡沫、乳状液、液溶胶	肥皂泡沫、牛奶、乳化原油、AgCl 溶胶
固	气、液、固	固溶胶	浮石、泡沫塑料、合金、宝石

2. 胶体

胶体不是一种特殊物质,而是物质存在的一种特殊状态,胶体通常指分散相粒子半径为 $1\times10^{-9}\sim1\times10^{-7}$m 的分散体系。因此,胶体包括下列两类:

(1) 高分子溶液。由于高分子是以分子状态溶于分散介质中的,分散相和分散介质之间没有相界面,因此高分子溶液是热力学稳定体系。

(2) 溶胶。这是一类高度分散的多相体系,分散相是以微粒(胶粒)分散在分散介质中,故溶胶有很大的相界面,有很高的表面能,溶胶是热力学不稳定体系。

粗分散体系一般包括悬浮液、乳状液、泡沫和粉尘等。粗分散体系中分散相的粒子大于胶粒子,也是高度分散的体系。粗分散体系有很大的相界面,有很高的表面能,因此粗分散体系也是热力学不稳定体系。

在油田化学中胶体是指高分子溶液、溶胶及粗分散体系。

胶体化学是研究胶体和粗分散体系的形成、稳定、破坏及其物理性质和化学性质的学科。胶体和粗分散体系的稳定和破坏是这一章要解决的问题。稳定和破坏虽然是两种相互对立的现象,但它们都是从不同角度反映胶体的性质,因此它们又是相互联系的,即要破坏一种胶体时就必须考虑它为什么能稳定存在,或要稳定一种胶体时就必须分析它的破坏原因。

二、胶体的性质

1. 胶体的光学性质

胶体的光学性质是胶体粒子高度分散和不均匀的反映,通过光学性质可以观察胶体粒子

的存在和运动,因此讨论胶体的光学性质是胶体化学的一个重要内容。

若将一束会聚光线通过胶体,在入射光的垂直方向可以看到一个光柱,这种现象叫丁达尔(Tyndall)效应,这是胶体粒子对光散射的结果。当入射光为白光时,光柱呈蓝紫色,称为乳光。

丁达尔效应和分散体系的分散相粒子的大小有关。溶液和粗分散体系没有这种光学现象,只有胶体有这种光学现象,以下说明其原因。

当光照射到分散体系时,若分散相的粒子半径大于入射光的波长,则光线按一定方向反射或折射;若分散相的粒子半径小于入射光的波长,则光线发生散射,散射的光就是乳光,因散射是指光波绕过粒子而向各个方向射出,所以能从侧面看到乳光。粗分散体系的分散相粒子半径($>1\times10^{-7}$m)大于可见光的波长(400~800nm),因此光照射粗分散体系时,只会发生反射或折射;胶体的粒子半径(1~100nm)小于可见光的波长,所以当光照射在胶体粒子上时,产生光的散射,散射的光就是乳光,由于乳光强度很弱,只能从入射光的垂直方向(胶体的侧面)观察到,这就是丁达尔现象;溶液的粒子半径($<1\times10^{-9}$m)远远小于可见光的波长,虽然对光产生散射,但散射光的强度太小,以至于观察不到乳光。散射光(乳光)的强度,可用瑞利(Rayleigh)公式说明。瑞利研究分散体系对光的散射得出结果:散射光强度与入射光的波长(λ)、强度以及分散体系的折射率之间存在下列关系

$$I = \frac{24\pi^3 \nu V^2}{\lambda^4}\left(\frac{n_1^2 - n_2^2}{n_1^2 + 2n_2^2}\right)^2 I_0 \tag{1-19}$$

式中 I, I_0 ——分别是散射光强度、入射光强度;

n_1, n_2 ——分别是分散相、分散介质的折射率;

V ——分散相粒子的体积;

ν ——单位体积中散射粒子数。

式(1-19)称为瑞利(Rayleigh)公式。从瑞利公式得到如下结论:

(1)入射光的波长越短,散射光的强度越强。若入射光是白光,则白光中蓝色和紫色部分的散射光强度最强,所以在丁达尔现象中光柱呈蓝紫色,而透过的光呈橙红色。

(2)散射光强度与分散相粒子的体积大小有关,分散相粒子越大,散射光强度越大。所以在溶液中分散相粒子小,散射光的强度很小,不能观察到乳光。

(3)分散相与分散介质的折射率相差越大,散射光的强度越强。

2. 胶体的运动性质

(1)扩散。

在超显微镜下观察胶体粒子的运动时,可以看到胶体粒子在各个方向不断地作不规则运动(如图1-14所示),即布朗(Brown)运动。胶体粒子的布朗运动是由于包围在胶体粒子周围的分散介质分子从各个方向撞击胶体粒子而引起的,因为每一瞬间,胶体粒子受到周围分子的这些撞击而产生的力在各个方向上各不相同,即合力不为零(图1-15),因此胶体粒子就产生运动,而且由于分子热运动的不规则性,所以胶体粒子的运动方向也随时在改变。

布朗运动是胶体粒子的微观运动,就单个胶体粒子而言,在各方向的运动几率相同,但对于整体而言,胶体粒子从高浓度区域向低浓度区域迁移,使体系胶体粒子的浓度均匀,这就是胶体的扩散运动。胶体的扩散是布朗运动的宏观表现,布朗运动是扩散的微观基础。

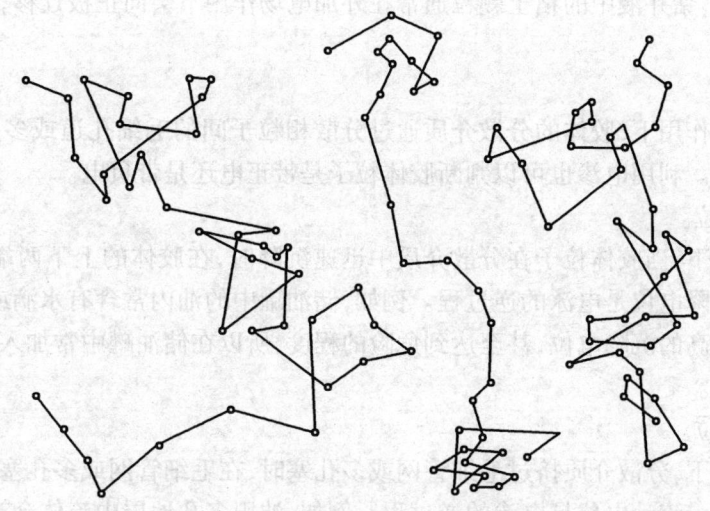

图 1-14 胶体粒子的布朗运动

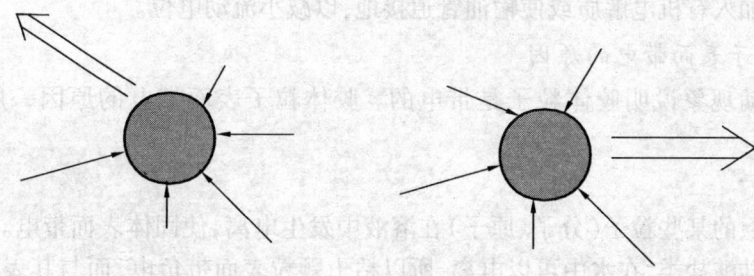

图 1-15 胶体粒子的受力图

（2）沉降和沉降平衡。

在重力场的作用下，分散体系的分散相粒子下沉的过程称为沉降。对于高度分散的溶液，溶质不会因重力的作用沉降；对于粗分散体系，粗颗粒的质量大会因重力的作用逐渐地全部沉降；对于胶体，胶体粒子的质量较大会发生沉降，但扩散作用又促使胶体粒子的分布均匀，当这两种相反的作用相等时，即扩散运动与沉降运动相等时胶体粒子的分布达到平衡，胶体粒子的浓度从下向上逐渐降低，形成浓度梯度，这种平衡状态称为沉降平衡。胶体的两种运动对胶体的稳定有一定的影响：胶体的扩散运动使粒子浓度分布均匀，有利于胶体的稳定，而胶体的沉降运动使粒子浓度分布不均，使粒子易发生聚沉，不利于胶体的稳定。

三、胶体的电学性质

1. 电动现象

胶体的电学性质是指胶体的电动现象，电动现象是指胶体在外力或外加电场的作用下，胶体粒子与分散介质发生相对移动的现象。电动现象包括电泳、电渗、沉降电位和流动电位。胶体的电动现象是由于胶体粒子表面带电，这也说明胶体虽然是热力学不稳定体系，但实际上粒子表面带电使胶体很稳定地存在。

（1）电泳。

在外加电场作用下，胶体粒子在分散介质中定向移动的现象称为电泳。带负电的胶体粒子向正极移动，而带正电的胶体粒子向负极移动。因此，利用电泳可以判断胶体粒子是带正电还是带负电。例如,钻井液中的粘土颗粒通常在外加电场作用下会向正极迁移,说明粘土颗粒带负电。

(2)电渗。

在外加电场作用下,胶体的分散介质通过分散相粒子间的毛细孔道或多孔膜向电极移动的现象称为电渗。利用电渗也可以判断胶体粒子是带正电还是带负电。

(3)沉降电位。

在外力作用下,当胶体粒子在分散介质中迅速沉降时,在胶体的上下两端产生电位差,称为沉降电位。沉降电位是电泳的逆过程。例如,储油罐中的油内常含有水滴或其他颗粒,它们的沉降会形成较高的沉降电位,甚至达到危险的程度,所以在储油罐中常加入适量的有机电解质降低沉降电位。

(4)流动电位。

在外力作用下,分散介质挤过毛细管网或多孔塞时,在毛细管网或多孔塞两端产生的电位差称为流动电位。流动电位是电渗的逆过程。例如,油田多孔地层中流体会产生流动电位,这对于油井电测很重要;输油管道输送油时,会产生流动电位,高压下易产生火花引起燃烧,因此在输油管道内加入有机电解质或使输油管道接地,以减小流动电位。

2. 胶体粒子表面带电的原因

胶体的电动现象说明胶体粒子是带电的。胶体粒子表面带电的原因一般有以下几个方面。

(1)电离。

固体表面上的某些粒子(分子、原子)在溶液中发生电离,使固体表面带电。例如,钻井液中粘土颗粒是硅酸盐类,在水中可以电离,所以粘土颗粒表面带负电,而与其表面接触的液相则带正电。

(2)离子的选择性吸附。

胶体粒子表面选择性吸附某种离子而带电。若胶体粒子是离子晶体,胶体粒子表面据法扬斯(Fajans)规则选择性吸附离子,即优先吸附具有与组成胶粒相同元素的离子。若吸附正离子,胶体粒子带正电;反之,则带负电。例如,AgCl胶体粒子的表面优先吸附Ag^+或Cl^-,当溶液中有过剩的Ag^+时,AgCl胶体粒子的表面吸附Ag^+;当溶液中有过剩的Cl^-时,AgCl胶体粒子的表面吸附Cl^-。

(3)晶格取代。

胶体粒子晶格中的离子被电荷不同的离子取代,使胶体粒子表面带电。例如,粘土晶格中的三价铝离子被二价的镁离子或钙离子取代,从而使粘土带负电。晶格取代是粘土颗粒带电的主要原因。

3. 胶团结构

胶体粒子表面带电,使分散介质中存在与粒子所带电荷相反但大小相等的异号离子,这些异号离子因静电引力会吸附在胶体粒子表面,在胶体粒子表面上形成特殊的扩散双电层结构,即胶团结构。

例如,用稀$AgNO_3$溶液和KI溶液制备AgI溶胶,当反应生成AgI时,由于不溶于水的固体AgI小颗粒(称为胶核)表面能量高会吸附溶液中的离子,根据法扬斯规则,胶核易从溶液中选择性地吸附Ag^+或I^-。

若 AgNO₃ 过量，AgI 胶核会选择性地吸附 Ag⁺；由于静电引力，溶液中的 NO₃⁻ 被吸附在胶核外层；又因为分散介质的热运动，部分 NO₃⁻ 被紧紧吸附在胶核周围，而另一部分 NO₃⁻ 扩散在胶核外围，形成带正电的 AgI 溶胶，胶团结构式为（胶团结构示意图参看图 1-16）：

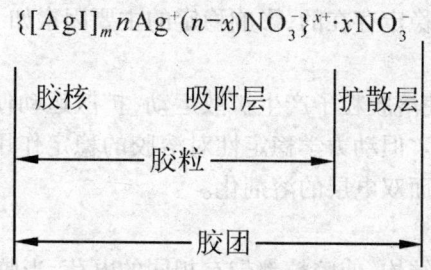

若 KI 过量，AgI 胶核会选择性地吸附 I⁻；由于静电引力，溶液中的 K⁺ 被吸附在胶核外层；又因为分散介质的热运动，部分 K⁺ 被紧紧吸附在胶核周围，而另一部分 K⁺ 扩散在胶核外围，形成带负电的 AgI 溶胶，胶团结构式为（胶团结构示意图参看图 1-17）：

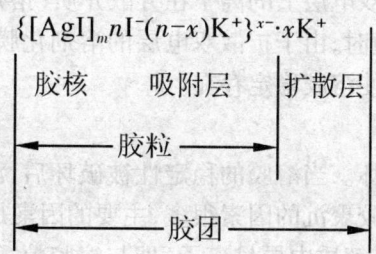

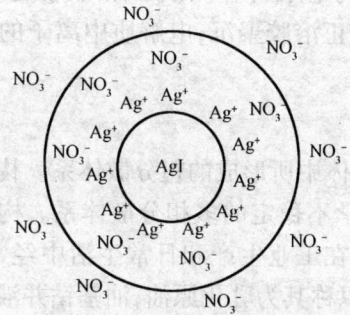
图 1-16 正溶胶结构式

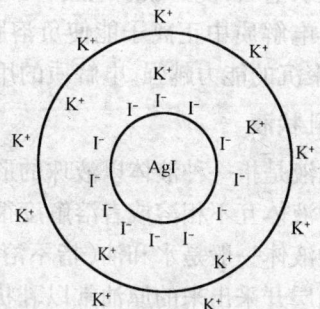
图 1-17 负溶胶结构式

油田化学品中常用的硅酸溶胶可用硅酸钠（俗名为水玻璃）与无机电解质（如盐酸）反应制成。反应如下

$$Na_2SiO_3 + 2HCl \Longrightarrow H_2SiO_3(硅酸) + 2NaCl$$

硅酸不溶于水，当硅酸分子聚集形成固体小颗粒时，表面部分硅酸分子在水中电离而带负电，其胶团结构式为：

$$\{[H_2SiO_3]_m n\,SiO_3^{2-}(2n-x)Na^+\}^{x-} \cdot xNa^+$$

　　胶核　　吸附层　　　　　扩散层

四、溶胶的稳定与聚沉

1. 溶胶的稳定

溶胶是高度分散的多相体系,有非常大的表面积,其表面能高,是热力学不稳定体系。溶胶的稳定是指在一定程度是稳定存在的,影响稳定的主要因素如下:

(1)动力学稳定性。

溶胶粒子的布朗运动,使溶胶粒子产生扩散运动,扩散运动使溶胶粒子趋于均匀分布,从而使溶胶具有动力学稳定性。但动力学稳定性对溶胶的稳定作用很小,溶胶的稳定主要还是由于胶粒表面带电和胶粒表面双电层的溶剂化。

(2)胶粒带电的稳定性。

由于胶团的扩散双电层结构,使胶粒都带有相同的电荷,当胶粒接近时相互间存在静电排斥作用,阻碍胶粒聚结下沉,使溶胶稳定存在。胶粒表面带电量越高,即扩散双电层所带的电量越高,排斥作用越大,溶胶就越稳定。这是溶胶稳定存在的重要原因。

(3)溶剂化的稳定性。

溶胶粒子表面吸附的扩散双电层上的离子在分散介质(溶剂)中溶剂化,使胶粒表面形成一层溶剂化膜,当溶胶粒子碰撞时,由于扩散双电层的溶剂化膜具有弹性,成为胶粒接近时的机械阻力,阻碍胶粒聚结下沉,使溶胶稳定存在。

2. 溶胶的聚沉

溶胶的聚沉就是溶胶的破坏。当溶胶的稳定性被破坏后,溶胶中的胶粒聚集、长大、沉淀出来的现象称为聚沉。影响溶胶聚沉的因素很多,主要的因素是电解质。

当把电解质加入溶胶时,电解质中异号离子(即与溶胶粒子扩散双电层相反电荷的离子)进入扩散双电层,使扩散双电层所带的电量降低,溶胶粒子间排斥作用减小,溶胶就越不稳定,易聚沉。电解质中正离子能使负溶胶聚沉,负离子能使正溶胶聚沉;电解质中离子的价态越高,溶胶聚沉的能力越强,电解质的用量越少。

五、乳状液

乳状液是指一种液体以液珠的形式分散到另一种液体中所形成的粗分散体系。构成乳状液的两种液体互不相溶或者溶解度很小,乳状液是热力学不稳定的多相分散体系。构成乳状液的两种液体一般是水和油(指不溶于水的有机液体),在工业生产和日常生活中经常见到,例如从油层开采出来的原油常以乳状液的状态存在,所以称其为乳化原油;油基钻井液是有机粘土、水和油构成的乳状液。

1. 乳状液的类型及鉴别

乳状液有两种类型,一种是油为分散相,水为分散介质的乳状液,称为水包油乳状液(记为油/水乳状液或 O/W 乳状液),例如,乳化剂油酸钠使水和苯形成水包油乳状液(O/W 乳状液);另一种是水为分散相,油为分散介质的乳状液,称为油包水乳状液(记为水/油乳状液或 W/O 乳状液),例如,乳化剂油酸镁使水和苯形成油包水乳状液(W/O 乳状液)。参看图 1-18。

乳状液的类型可用以下几种方法鉴别。

(1)染色法。

将少量油溶性染料加入乳状液中,轻轻摇动,如果乳状液整个呈染料颜色,则乳状液为 W/O 型;如果乳状液呈点状染料颜色,则乳状液为 O/W 型。同理,水溶性染料也可以鉴别乳状液类型。例如在乳状液中加入 1 滴油溶性染料苏丹红苯溶液,如果乳状液整个呈红色,则为

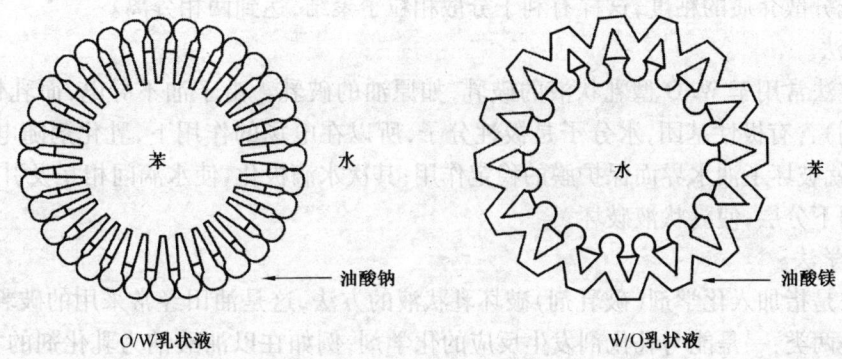

O/W乳状液　　　　　　　　　　　　　　W/O乳状液

图1-18　乳状液

W/O型;如果红色呈点状,则乳状液为O/W型。

(2)稀释法。

将水(或油)滴入乳状液中,如果水(或油)在乳状液中扩散,则乳状液为O/W型(W/O型);如果不扩散则乳状液为W/O型(O/W型)。

(3)导电法。

水能导电,而大部分油不导电。因此,能导电的乳状液为O/W型,不能导电的乳状液为W/O型。

2. 乳状液的稳定

只有两种不相溶的液体(水和油)不能构成稳定的乳状液。要形成稳定的乳状液必须加入乳化剂,乳化剂是指使乳状液稳定存在的物质。由于水与油的界面积很大,当在油和水中加入少量乳化剂时,乳化剂被吸附在油水界面上使乳状液稳定存在。例如,乳化剂油酸钠和油酸镁对苯和水形成的乳状液起很好的稳定作用。被吸附在油水界面上的乳化剂对乳状液的稳定作用有以下几点:

(1)降低油水界面的表面张力。油水界面吸附乳化剂使表面张力下降,油水界面能量下降,乳状液的稳定性增加。

(2)在油水界面上形成保护膜,阻止分散相粒子(油珠或水珠)碰撞时聚结。乳化剂在油水界面上定向排列形成有一定机械强度的膜,不但使界面积减小,表面能量降低,同时减小粒子间的碰撞力。

(3)形成扩散双电层,使分散相粒子表面带电。乳化剂大部分是表面活性剂,表面活性剂的极性部分在水中解离形成扩散双电层,从而使液珠(分散相粒子)间有静电排斥力,阻止液珠的合并。

3. 乳状液的破坏

乳状液中的两相被分离,就是乳状液的破坏。乳状液的破坏又称为破乳或去乳化作用。在许多生产过程中,常常遇到乳状液的破乳问题。例如,油田开采的原油为乳化原油(一般都含有一定量的水),在储运之前必须将原油破乳,除去原油中的水。乳状液稳定的主要原因是由于乳化剂的存在,因此消除或削弱乳化剂的稳定作用就可以达到破坏乳状液的目的。常用的方法很多,主要有以下三种。

(1)加热法。

升高温度可以降低乳化剂在油水界面的吸附量,削弱乳化剂形成的保护膜的作用;升高温度还能降低分散介质的粘度,这样有利于分散相粒子聚结,达到两相分离。

(2)电法。

这种方法常用于W/O型乳状液的破乳,如原油的破乳。由于油不导电,而乳化剂(多为表面活性剂)含有极性基团,水分子是极性分子,所以在电场的作用下,乳化剂随电场的方向转向,这样就破坏了油水界面保护膜的稳定作用;其次水滴极化,使水滴间相互吸引连成一串,在重力作用下分层,使乳状液破坏。

(3)化学法。

化学法是指加入化学剂(破乳剂)破坏乳状液的方法,这是油田经常采用的破乳方法。破乳剂一般是两类:一是能与乳化剂发生反应的化学剂,例如在以油酸钠为乳化剂的O/W型乳状液中加入无机酸,油酸钠变成没有乳化作用的油酸,使乳状液破乳;二是反型乳化剂,它是指形成不同类型乳状液的乳化剂,如油酸钠是油酸镁的反型乳化剂,油酸镁也是油酸钠的反型乳化剂。加入少量反型乳化剂,乳状液稳定性会降低而被破坏。例如加入少量的油酸镁会使以油酸钠为乳化剂的O/W型乳状液被破坏;同理,加入少量的油酸钠会使以油酸镁为乳化剂的W/O型乳状液被破坏。

习 题 一

1. 在带活塞的玻璃弯管两端有大小不同的两个肥皂泡(见图一),将中间活塞打开,这两个肥皂泡将发生怎样的变化?为什么?

2. 两端直径不同的玻璃管(见图二),管内的液体能润湿玻璃,管内的液体将会流向哪端?为什么?

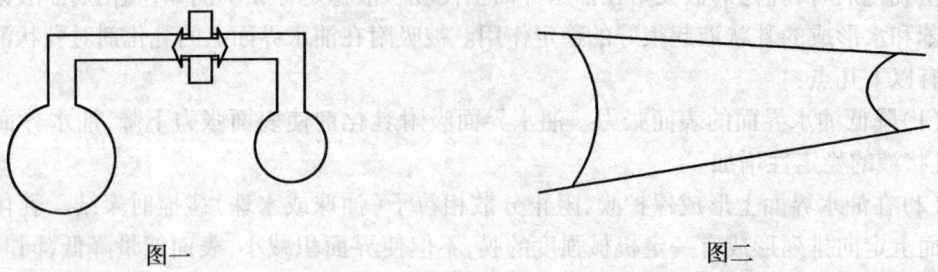

图一　　　　　　　　　　　　　　　　图二

3. 25℃时,半径为0.001m的汞滴的表面能是多少?若将汞滴分散成半径为1×10^{-9}m其表面能又为多少(已知:汞的表面张力为$0.470\text{N}\cdot\text{m}^{-1}$)?

4. 见图三,管内装有水和油,如果流动方向是从左向右,问哪种情况容易流动?为什么?流动时所需的压力差是多少?

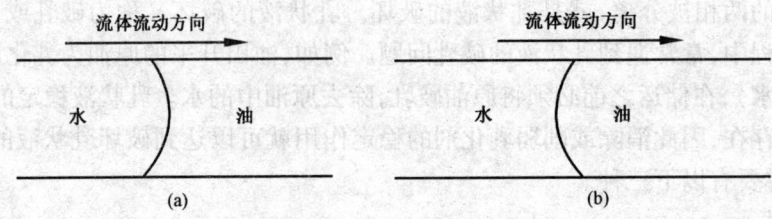

图三

5. 密度为 0.750g·cm^{-1} 的某液体在半径为 0.25mm 的毛细管中上升 2.5cm,接触角为 45°,计算此液体的表面张力。

6. 在 25℃时,平面水面上水的饱和蒸气压为 3.17kPa,计算在相同温度下,半径为 5.0×10^{-9}m 的小水滴上水的饱和蒸气压。已知在 25℃时水的表面张力为 0.071N·m^{-1},水的密度为 1g·cm^{-3}。

7. 已知 50℃时地层水与地层油的表面张力是 30.0mN·m^{-1},地层水和地层油的密度分别为 0.980g·cm^{-3} 和 0.920g·cm^{-3},水对砂岩表面接触角为 30°。若砂岩毛细管半径变动为 0.001~0.01cm,试计算水在砂岩毛细管上升的高度在什么范围。

8. 有五种固体,它们在液面的平衡位置如图四所示,试画出它们的接触角并指出它们与液体润湿的好坏顺序。

9. 什么是吸附作用?物理吸附与化学吸附有何差异?

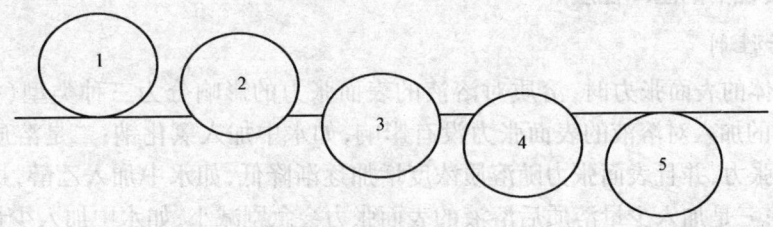

图四

10. 朗格缪尔(Langmuir)等温方程适用于什么吸附?其使用的条件是什么?

11. 丁达尔(Tyndall)效应是由光的什么作用引起的?其强度与入射光波长有何关系?为什么溶液和粗分散体系不发生丁达尔效应?

12. 写出由 $FeCl_3$ 水解制得 $Fe(OH)_3$ 溶胶的胶团结构式。并说明在外加电场中溶胶粒子向电场的什么方向运动?

13. 将 12mL 0.02mol·L^{-1} 的 $AgNO_3$ 溶液和 100mL 0.005mol·L^{-1} 的 KI 溶液混合制备 AgI 溶胶,制得的溶胶带什么电?写出这个溶胶的胶团结构式。

14. 溶胶是热力学上不稳定体系,但它能在很长的时间内稳定存在,这是为什么?

15. 乳状液是什么?其类型有哪些?为什么乳化剂能使乳状液稳定存在?

第二章 表面活性剂与高分子

第一节 表面活性剂

在许多工业领域中,表面活性剂都是不可缺少的化学助剂,表面活性剂最大的特点是用量少,作用大。在油田开发中所用的化学处理剂大部分为表面活性剂,表面活性剂在钻井、采油和原油集输过程中都有广泛的应用。

一、表面活性剂的基本性质

1. 表面活性剂

在研究液体的表面张力时,溶质对溶液的表面张力的影响分为三种类型(如图 2-1 所示):一是溶质的加入对溶液的表面张力没有影响,如水中加入氯化钠;二是溶质的加入能降低溶液的表面张力,并且表面张力随溶质浓度增加逐渐降低,如水中加入乙醇,这类物质称为表面活性物质;三是加入少量溶质后溶液的表面张力会急剧减小,如水中加入少量十二烷基磺酸钠,这类物质称为表面活性剂。

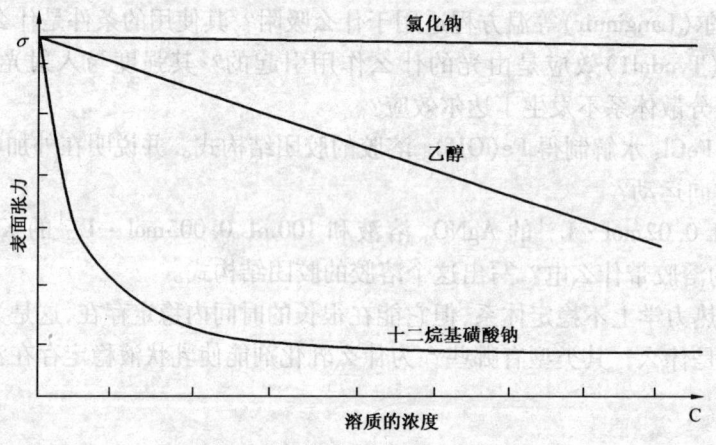

图 2-1 表面张力与溶质的关系

表面活性剂能降低溶液的表面张力,能改善溶液的表面状态,这是因为表面活性剂具有特殊的分子结构。表面活性剂分子由性质截然不同的两种基团构成,即由亲油基(非极性部分,憎水基)和亲水基(极性部分,憎油基)组成。因此,表面活性剂具有亲水和亲油的双亲性。如图 2-2 所示是表面活性剂硬脂酸钠($C_{17}H_{35}COONa$)的结构。

2. 表面活性剂在界面上的状态

当表面活性剂溶入液体时,由于界面的表面能量高,表面会吸附液体中的物质,而表面活性剂分子的特殊结构使表面活性剂分子自动吸附在两相界面上,并且分子的亲水基向着水相,亲油基向着油相(或气相)(图 2-3),这种排列使水相内部对表面分子的净拉力下降,两相界面的表面张力下降,表面能下降,体系稳定。表面活性剂既可降低气液表面(如汽水表面)的

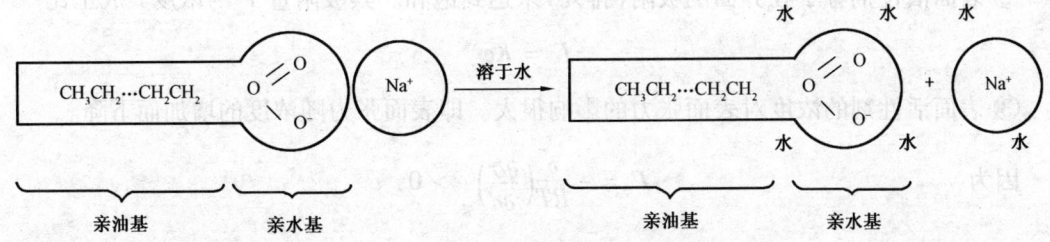

图2-2 表面活性剂的结构

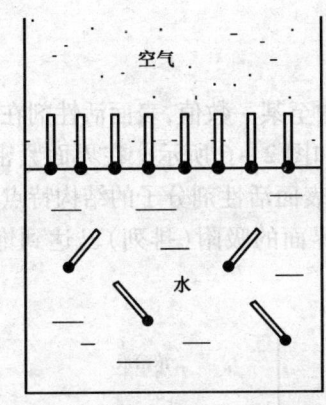 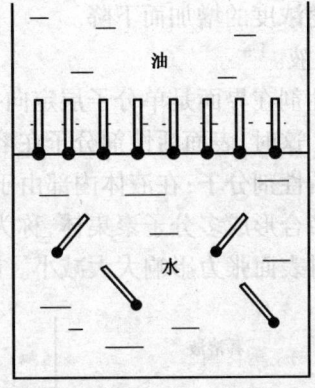

图2-3 表面活性剂分子在界面上的状态

表面张力,也可降低液液表面(如油水表面)的表面张力。表面活性剂分子在两相界面上的状态为:

(1)单分子层定向排列。

(2)表面活性剂分子的亲水基向着水相,亲油基向着另一相(油相或气相)。

3. 表面活性剂溶液

表面活性剂常配成溶液(水溶液或油溶液)使用,因此要了解表面活性剂在溶液中的特性。如图2-4所示是表面活性剂水溶液的表面张力与浓度的变化曲线,可以看到,随着表面活性剂在水中浓度的增加,表面张力先是急剧下降,然后逐渐减少,最后基本不变。为什么在表面活性剂浓度极稀时,溶液的表面张力随浓度稍微增加急剧下降?而当浓度超过一定值时,溶液的表面张力几乎不随浓度增加而变化?这是由表面活性剂分子在溶液中的分布状态所决定的,因此,分成稀溶液和浓溶液两部分讨论表面活性剂分子在溶液中的分布状态。

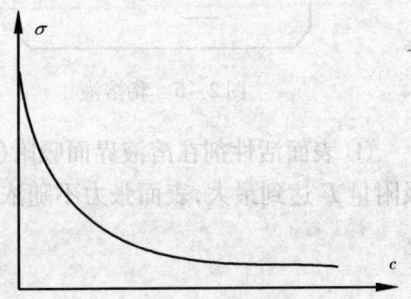

图2-4 表面张力与浓度的关系

(1)稀溶液。

当加入的表面活性剂较少时溶液为稀溶液,一部分表面活性剂分子自动吸附在两相界面上,使溶液界面积减小,溶液的表面张力急剧下降;另一部分表面活性剂分子分散在溶液中(图2-5)。因此有:

① 表面活性剂以分子分散状态存在溶液中。

② 表面活性剂分子在界面的吸附(排列)未达到饱和。其吸附量 Γ 与浓度 c 成正比

$$\Gamma = Kc$$

③ 表面活性剂的浓度对表面张力的影响很大。即表面张力随浓度的增加而下降。

因为

$$\Gamma = -\frac{c}{RT}\left(\frac{\partial \sigma}{\partial c}\right)_T > 0$$

$$\left(\frac{\partial \sigma}{\partial c}\right)_T < 0$$

故表面张力随浓度的增加而下降。

(2) 浓溶液。

表面活性剂在界面是单分子层定向排列,当浓度增至某一数值,表面活性剂在溶液表面吸附达到饱和。这时,表面活性剂分子在溶液中的分布如图 2-6 所示。在界面紧密、定向地排列一层表面活性剂分子;在液体内部由于浓度足够大,表面活性剂分子的结构特点使表面活性剂分子发生缔合形成多分子聚集体,称为胶束。由于界面的吸附(排列)已达到饱和,表面活性剂的浓度对表面张力影响大大减小。因此有:

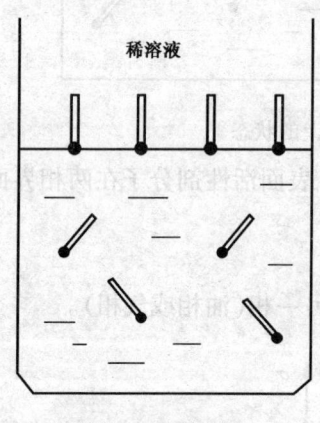

图 2-5 稀溶液

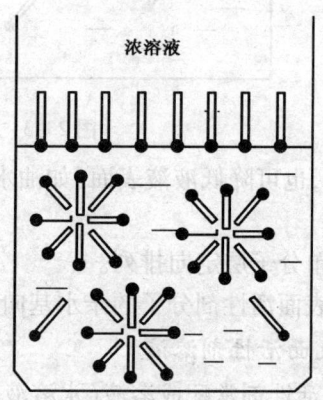

图 2-6 浓溶液

① 表面活性剂在溶液界面吸附(排列)达到饱和,表面活性剂对表面张力几乎没有影响。吸附量 Γ 达到最大,表面张力不随浓度的变化而变化。即

$$\Gamma = \Gamma_\infty$$

$$\left(\frac{\partial \sigma}{\partial c}\right)_T = 0$$

② 表面活性剂分子发生缔合形成胶束,表面活性剂分子在溶液内部呈胶束状态分布在溶液中。

胶束是由几十个或几百个表面活性剂分子按一定规律排列的多分子聚集体。由于不同表面活性剂分子间的吸引力各不相同,所以在相同条件(温度、溶剂)下,不同表面活性剂开始生成胶束的浓度也各不相同。表面活性剂在溶液中形成一定形状的胶束所需的最低浓度称为临界胶束浓度,用 CMC 表示。

当胶束形成时,溶液的表面活性剂分子数不会随浓度的增加而增加,使溶液的许多性质在

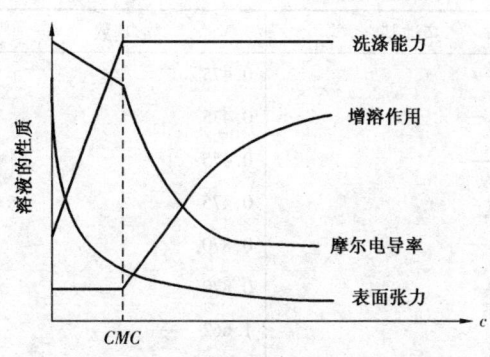

图2-7 溶液的性质与浓度的关系

CMC附近发生突变,如图2-7所示。例如,增溶作用在溶液浓度达到CMC后增加;洗涤能力在溶液浓度小于CMC之前不断增强,而溶液浓度达到CMC后不变;摩尔电导率在溶液浓度达到CMC时发生突变。

4. 表面活性剂的HLB值

表面活性剂分子由性质截然不同的亲水基和亲油基组成,分子的亲水能力和亲油能力的相对大小决定了表面活性剂的工业用途,因此每种表面活性剂都有一个亲水基的亲水能力对亲油基的亲油能力的平衡问题。表面活性剂的这个亲水能力对亲油能力的平衡关系,可用一个亲水亲油平衡值,即HLB(Hydrophile – Lyophile Balance)值来定量表示。

HLB值是一个相对值。规定亲油性强的石蜡的HLB值为0,油酸的HLB值为1,油酸钠的HLB值为18,亲水性强的十二烷基硫酸钠的HLB值为40。以此为标准,可以确定其他表面活性剂的HLB值。HLB值越小,活性剂的亲油性越强,HLB值越大,活性剂的亲水性越强。

表面活性剂的HLB值与其性能有关(见表2-1),所以据表面活性剂的HLB值,可以大体了解它的用途,同时在实际应用中,HLB值也是选择合适表面活性剂的依据。当然,选择最理想的表面活性剂,还需用实验来确定。

表2-1 表面活性剂的HLB值范围及其用途

HLB值范围	主要用途	HLB值范围	主要用途
1~3	消泡剂	12~15	润湿剂
3~6	油包水型(W/O)乳化剂	13~15	洗涤剂
8~18	水包油型(W/O)乳化剂	15~18	增溶剂

HLB值可以通过两种方法得到:一种是据化学组成进行计算,另一种是通过实验进行测定。

表面活性剂的HLB值有很多计算方法,常用方法有两种:质量分数法和基数法。

(1)质量分数法。

本法适用于计算含有聚氧乙烯基$-(CH_2CH_2O)_n-$的非离子型表面活性剂的HLB值。计算式为

$$HLB = 亲水基质量 \times 20/(亲水基质量 + 亲油基质量) \tag{2-1}$$

(2)基数法。

本法适用于计算阴离子型和非离子型表面活性剂的HLB值。基数法认为表面活性剂分子中各结构单元对HLB值有不同的贡献,确定了各种基团的基数后,可由下式计算HLB值

$$HLB = \sum(亲水基的基数) - \sum(亲油基的基数) + 7 \tag{2-2}$$

表2-2列出了表面活性剂的部分基团的基数值。

表 2-2 亲水基和亲油基的基数

亲水基	基数	亲油基	基数
—SO$_4$Na	38.7	—CH—	0.475
—COOK	21.1	—CH$_2$—	0.475
—COONa	19.1	—CH—	0.475
—SO$_3$Na	11.0	—CH$_3$	0.475
—N(叔胺)	9.4	—CF$_2$—	0.870
酯(失水山梨醇环)	6.6	—CF$_3$	0.870
酯(自由)	2.4	苯环	1.662
—COOH	2.1	—CH$_2$CH$_2$CH$_2$O—	0.15

—OH(自由)	1.9	—CH—CH$_2$—O—
		    |
		    CH$_3$
			0.15

—O—	1.3		
—OH(失水山梨醇环)	0.5		
—(CH$_2$CH$_2$O)—	0.33		

二、表面活性剂的分类和命名

一般按表面活性剂的亲水基的离子性或非离子性对其分类,即按表面活性剂在水中是否解离,以及解离后起活性作用的基团的电性分类。因此,表面活性剂分为四种:阴离子表面活性剂、阳离子表面活性剂、非离子表面活性剂和两性表面活性剂。

1. 阴离子表面活性剂

这类表面活性剂在水中可以解离,解离后起活性作用的部分是阴离子。例如羧酸钠盐,它在水中可按下式解离

$$RCOONa \rightarrow RCOO^- + Na^+$$

由于羧酸钠盐解离后,起活性作用的部分是阴离子 $RCOO^-$,所以叫阴离子表面活性剂。

阴离子表面活性剂可分为两类:

(1) 盐型。例如羧酸盐型($RCOONa$)、磺酸盐型(RSO_3Na)。这类表面活性剂的分子由有机酸根(如羧酸根、烷基磺酸根)与金属离子(如 Na^+)组成。

对盐型表面活性剂,由于它是由有机酸根和金属离子组成的盐,所以它是按盐命名的。例如 $C_{12}H_{25}SO_3Na$ 是由十二烷基磺酸根 $C_{12}H_{25}SO_3^-$ 和金属离子 Na^+ 组成的盐,所以叫十二烷基磺酸钠(盐),而 $C_{17}H_{35}COONa$ 是由硬脂酸根 $C_{17}H_{35}COO^-$ 和金属离子 Na^+ 组成的盐,所以叫硬脂酸钠(或十八酸钠)。

(2) 酯盐型。例如硫酸酯盐型($ROSO_3Na$)、膦酸酯盐型($ROPO_3Na_2$)。

对酯盐型表面活性剂,由于它的分子中有酯的结构也有盐的结构,所以它既按酯(即按它由某醇与某酸反应生成)也按盐(即按酸中的氢为某金属离子置换)来命名,也可以将酯盐型表面活性剂按盐型表面活性剂命名。

例如,$C_{12}H_{25}OSO_3Na$ 首先由十二醇与硫酸反应,脱去一分子水,生成十二醇硫酸酯,再与氢氧化钠反应,用 Na^+ 置换硫酸中剩下的氢,所以叫十二醇硫酸酯钠,也可叫十二烷基硫酸钠。

阴离子表面活性剂多用于起泡、乳化、防蜡、油井增产、水井增注、提高原油采收率等,用途

是很广泛的。

2. 阳离子表面活性剂

这类表面活性剂在水中可以解离,解离后起活性作用的部分是阳离子。例如十二烷基三甲基氯化铵,它在水中可按下式解离

$$[C_{12}H_{25}-\underset{\underset{CH_3}{|}}{\overset{\overset{CH_3}{|}}{N}}-CH_3]Cl \longrightarrow [C_{12}H_{25}-\underset{\underset{CH_3}{|}}{\overset{\overset{CH_3}{|}}{N}}-CH_3]^+ + Cl^-$$

由于十二烷基三甲基氯化铵解离后,起活性作用的部分是阳离子,所以叫阳离子表面活性剂。阳离子表面活性剂可分为以下三类。

(1)胺盐型:$R-NH_2 \cdot HCl$,即$[RNH_3]Cl$。

(2)季铵盐型:$[R-\underset{\underset{R_3}{|}}{\overset{\overset{R_1}{|}}{N}}-R_2]Cl$。

(3)吡啶盐型:$[R-N\bigcirc]Cl$。

由于阳离子表面活性剂是由一种有机阳离子和一种酸根组成的盐,所以阳离子表面活性剂也是按盐命名的。

例如$[C_{12}H_{25}-NH_3]Cl$是由有机阳离子$C_{12}H_{25}-NH_3^+$和酸根Cl^-组成的盐,所以叫氯化十二烷基铵(或十二烷基氯化铵)。氯化十二烷基铵的分子式可写为$C_{12}H_{25}-NH_2 \cdot HCl$,所以也有叫十二烷基胺盐酸盐。

阳离子表面活性剂主要用于防蜡、缓蚀、杀菌、乳化、减小油井的水油比、抑制粘土膨胀等,但应用范围目前还不如阴离子表面活性剂广泛。

3. 非离子表面活性剂

这类表面活性剂在水中不解离,其亲水基由具有一定数量的含氧基团(聚氧乙烯基或多羟基)构成,起活性作用的是整个分子。它又分为下面几类。

(1)酯型:如山梨糖醇酐脂肪酸酯(斯盘型)、聚氧乙烯脂肪酸酯。

$$C_{17}H_{33}COO(CH_2CH_2O)_n-H(聚氧乙烯油酸酯-n)$$

(2)醚型:如聚氧乙烯烷基醇醚(平平加型)、聚氧乙烯烷基苯酚醚。

$$C_{12}H_{25}O-(CH_2CH_2O)_n-H(聚氧乙烯十二烷基醇醚-n)$$

(3)胺型:如聚氧乙烯脂肪胺。

$$C_{18}H_{37}-N\underset{(CH_2CH_2O)_n-H}{\overset{(CH_2CH_2O)_n-H}{<}} \qquad (聚氧乙烯十八胺-n)$$

(4)酰胺型:如聚氧乙烯酰胺。

$$C_{18}H_{37}-CON\begin{matrix}(CH_2CH_2O)_n-H\\ \\(CH_2CH_2O)_n-H\end{matrix} \qquad (聚氧乙烯十八烷基酰胺-n)$$

非离子表面活性剂主要根据合成的原料及参照产物在有机物中的分类来命名。

在非离子表面活性剂命名的后面,常常附有数字,是指表面活性剂分子中氧乙烯的聚合度即分子式中的 n。例如聚氧乙烯十二醇醚-10 所表示的表面活性剂分子式应为

$$C_{12}H_{25}-O-[CH_2CH_2O]_{10}-H$$

非离子表面活性剂主要用于起泡、乳化、防蜡、缓蚀、油井增产、水井增注、提高原油的采收率等,用途同阴离子表面活性剂一样广泛。

4. 两性表面活性剂

这类表面活性剂起活性作用的部分带有两种电学性质。如聚氧乙烯烷基醇醚硫酸酯钠盐,它在水中可按下式解离

$$R-O-[CH_2CH_2O]_n-SO_3Na \longrightarrow R-O-[CH_2CH_2O]_n-SO_3^- + Na^+$$

其中起活性作用的部分 $R-O-[CH_2CH_2O]_n-SO_3^-$,既有非离子性也有阴离子性,故称为两性表面活性剂。

两性表面活性剂又可分为非离子—阴离子型、非离子—阳离子型和阴离子—阳离子型。目前,两性表面活性剂主要用于缓蚀、杀菌、乳化、抑制粘土膨胀和提高原油采收率。

表面活性剂分类的方法很多,也可按相对分子质量分为低分子和高分子表面活性剂。前面讲的多是低分子表面活性剂,因它们相对分子质量都不大。所谓高分子表面活性剂是指那些相对分子质量较大(例如几千、几万、几十万、几百万)的表面活性剂。高分子表面活性剂也像低分子表面活性剂那样可分为阴离子高分子表面活性剂、阳离子高分子表面活性剂、非离子高分子表面活性剂和两性高分子表面活性剂等。

三、表面活性剂的作用

1. 起泡作用

起泡作用是指表面活性剂使泡沫易于产生并在产生后有一定稳定性的作用,具有这种作用的表面活性剂称为起泡剂。起泡剂的起泡作用主要有:(1)起泡剂分子在气液界面上吸附,降低表面张力,有助于降低泡沫的表面能,亦降低产生泡沫所要作的表面功,因而使泡沫易于产生。(2)起泡剂在气液界面上吸附形成有一定强度的保护膜,可以防止泡沫中的气泡聚结变大,使泡沫有一定稳定性。(3)离子型表面活性剂使泡沫带电,静电排斥力阻碍气泡之间聚结,使泡沫稳定存在。

泡沫在钻井、采油等领域常常使用,例如,常加入起泡剂产生泡沫减小钻井液的密度;采油中的泡沫驱油、泡沫堵水。

2. 乳化作用

乳化作用是指表面活性剂使乳状液易于产生并在产生后具有稳定性的作用,具有这种作用的表面活性剂称为乳化剂。乳化剂的乳化作用是由它在液珠的液液界面上吸附所引起的。参看第一章第二节中乳状液的稳定内容。

3. 增溶作用

增溶作用是指表面活性剂使难溶的液体或微溶液体的溶解度显著增加的作用,具有增溶作用的表面活性剂称为增溶剂。例如50℃时,煤油在水中的溶解度很小,但在100mL、0.20%的OP-10溶液中却可溶解10.2mL。增溶作用是表面活性剂胶束所起的作用,因为在水或油中的表面活性剂胶束都可按极性相近规则溶解油或水。

增溶作用不同于一般的溶解作用,因为一般的溶解作用是指溶质分子在溶剂分子中的均匀分散,而增溶作用则是将溶质溶入胶束内部。增溶作用也不同于乳化作用,因为乳化作用是增加表面从而增加表面能,按表面能趋于减少的规律,乳状液是不稳定的,而增溶作用是溶质在胶束内部的溶解,不增加表面,因而是稳定的。

增溶作用有以下几个特点:

(1)增溶作用只发生在浓度大于 CMC 的增溶剂溶液中。即增溶作用是发生在有大量胶束形成的表面活性剂溶液中。

(2)与溶解和乳化不同,增溶作用中被溶物以分子聚集体形式溶入胶束之中。

(3)增溶作用不增加体系的表面,使被溶物的表面能降低,因此,增溶作用是自发过程。

增溶作用应用广泛,例如,增溶作用是除去油污中很重要的一个环节;在采油过程中的化学驱增溶作用可以提高驱油效率。

4. 润湿作用

润湿作用是指表面活性剂使固体表面的润湿性增加或润湿性向相反方向转化的作用,能使固体表面润湿性增加或发生反转的表面活性剂称为润湿剂。润湿剂的润湿作用是由于它在固体表面的吸附所引起的。例如砂岩表面是亲水表面(即水对砂岩表面的润湿角小于90°),当它与原油接触时,原油中的天然表面活性剂吸附到砂岩表面上来,按极性相近规则排列在砂岩表面,如图2-8(a)所示那样,由亲水地层变为亲油地层(即水对砂岩表面的润湿角大于90°),这就是表面活性剂的润湿作用。同理,若砂岩表面是亲油表面(即水对砂岩表面的润湿角大于90°),加入表面活性剂,按极性相近规则表面活性剂被吸附在砂岩表面,如图2-8(b)所示那样,由亲油地层变为亲水地层(即水对砂岩表面的润湿角小于90°)。

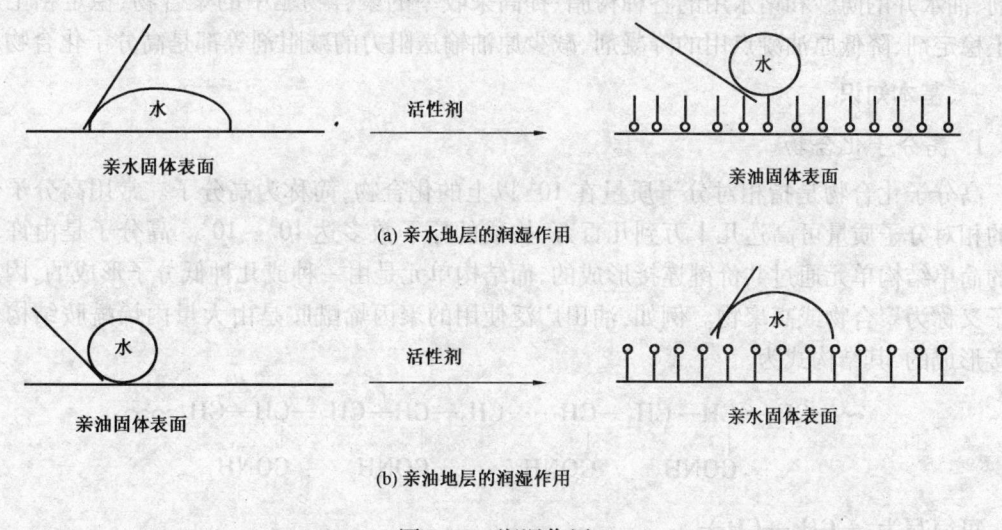

图 2-8 润湿作用

润湿剂分子通过物理吸附或化学吸附被吸附在固体表面；被吸附在固体表面的润湿剂分子能改变固体表面的润湿性。

在油田中润湿剂主要应用于改变地层的润湿性（含油地层是亲油地层）来提高注水的驱油效率，增加原油产量。

5. 洗净作用

洗净作用是指表面活性剂使一种液体（例如水）将其他物质（例如油）从固体表面洗脱下来的作用，具有洗净作用的表面活性剂称为洗净剂。洗净作用是一种综合的作用，它包括表面活性剂的润湿作用、乳化作用和增溶作用。当用表面活性剂水溶液从砂岩表面将油膜洗下来时，这种洗净作用常包括表面活性剂将砂岩表面变为亲水表面，当油膜脱落时，表面活性剂可将它乳化在水中，使它不易再粘附到砂岩表面上，而且当表面活性剂浓度足够高时，有些油还可增溶在表面活性剂胶束中而被带走，参看图2-9。可见，表面活性剂的洗净作用是表面活性剂几种作用的综合结果。

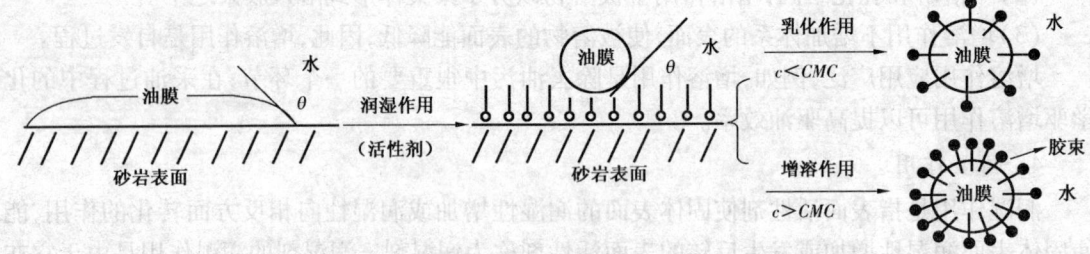

图2-9 洗净作用

第二节 高分子化合物

高分子化合物在钻井、采油和原油集输中有着广泛的应用。例如，钻井液用的降粘剂和增粘剂、油水井的防砂和堵水用的各种树脂、提高采收率的聚合物驱中的聚合物、稳定粘土用的粘土稳定剂、降低原油凝点用的降凝剂、减少原油输送阻力的减阻剂等都是高分子化合物。

一、基本知识

1. 高分子化合物

高分子化合物是指相对分子质量在 10^4 以上的化合物，简称为高分子。常用高分子化合物的相对分子质量可高达几十万到几百万，构成的原子数多达 $10^3 \sim 10^5$。高分子是由许多相同的简单结构单元通过共价键连接形成的，而结构单元是由一种或几种低分子形成的，因此高分子又称为聚合物或高聚物。例如，油田广泛使用的聚丙烯酰胺是由大量丙烯酰胺结构单元连接形成的，其结构式为

$$\sim\sim CH_2-\underset{CONH_2}{CH}-CH_2-\underset{CONH_2}{CH}\cdots\cdots CH_2-\underset{CONH_2}{CH}-CH_2-\underset{CONH_2}{CH}\sim\sim$$

可简写为 $\left(CH_2-\underset{CONH_2}{CH}\right)_n$

$$-\!\!\!\!-\!(CH_2\!-\!\underset{\underset{CONH_2}{|}}{CH})_n\!\!\!\!-\!\!\!\!-$$ 是结构单元,称为链节,而重复单元数 n 称为聚合度。链节表示高分子的结构,聚合度是说明高分子的大小。

2. 高分子化合物的特征

巨大的相对分子质量使高分子化合物在结构和性能上具有与低分子完全不同的各种特征。

高分子化合物的分子链是由许多简单结构单元连接形成的,而结构单元的化学组成、排列方式、数量不同使高分子化合物的结构复杂。高分子链的几何形状可以是线型、支链型和网状型,它们的合成及性能也不相同。

高分子的分子间作用力比低分子大。物质熔点、沸点、溶解度等物理性质由分子间的作用力是决定,分子间的作用力有三种:取向力、诱导力和色散力,其中色散力随相对分子质量的增大而增大,常见高分子的相对分子质量在几万以上,色散力远远超过取向力、诱导力而起主要作用,使高分子的分子间力远大于低分子的分子间力。由于分子间力很大,高分子无法以气态存在,在常温下大部分凝聚成固体,加热至适当温度时固体能转变成粘滞的液体。

高分子的空间构象比低分子多。空间构象是指分子中单键(σ 键)旋转而产生分子中各原子在空间不同的排列形式。例如丁烷,由于分子中的碳原子间是单键,所以当分子中的碳原子绕单键进行内旋转时,可以产生重叠式、反交叉式、顺交叉式等构象。高分子化合物的分子中的碳原子数远比低分子多,所以高分子的构象比低分子多得多。由于分子中原子的内旋转,使高分子主要采取蜷曲程度各不相同的许多构象,而不是采取伸直的构象。

高分子具有低分子所没有的多分散性。高分子不同于低分子有固定结构、有确定的相对分子质量,高分子由不同链长、结构相似的大分子组成,即一种高分子是由一组不同聚合度的同系物组成的混合物,虽然化学组成相同但其中每个分子的相对分子质量不完全相同,这个特性叫多分散性,是低分子所没有的。由于这个特性,高分子没有确定的相对分子质量,其相对分子质量及聚合度是整个体系的统计平均值。

3. 高分子的相对分子质量

低分子的相对分子质量是固定的,通过分子式可以计算,也可以由实验测定,但由于高分子的多分散性,其相对分子质量就不可能与低分子一样能准确计算出,而是一个统计平均值。例如,平均相对分子质量为 10 万的聚乙烯,可能由相对分子质量为 1~25 万的不同大小的聚乙烯分子混合组成。聚乙烯的分子式为

$$-\!\!\!\!-\!(CH_2\!-\!CH_2)_n\!\!\!\!-\!\!\!\!-$$

—CH_2—CH_2— 是聚乙烯的链节,而 n 是它的链节数,n 的大小实际上是统计平均值。聚合物的相对分子质量、链节数和链节相对分子质量之间应有如下关系

$$聚合物相对分子质量 = 链节数 \times 链节相对分子质量 \qquad (2-3)$$

例如当聚乙烯的链节数为 2000,链节相对分子质量为 28 时,由式(2-3)计算得聚乙烯的相对分子质量为 5.6×10^4。由于链节数是统计平均值,按式(2-3)的计算只是估算,因为统计方法不同有不同的相对分子质量。

聚合物的平均相对分子质量根据计算的方法不同有不同的值。常用的相对分子质量表示方法有以下几种:

(1) 数均相对分子质量 $\overline{M_n}$

$$\overline{M_n} = \frac{\sum W_i}{\sum N_i} = \frac{\sum N_i M_i}{\sum N_i}$$

式中　M_i——分子 i 的相对分子质量；
　　　N_i——相对分子质量为 M_i 的分子个数；
　　　W_i——相对分子质量为 M_i 的分子质量。

用稀溶液的依数性法测定的相对分子质量就是数均相对分子质量。

(2) 重均相对分子质量 $\overline{M_w}$

$$\overline{M_w} = \frac{\sum N_i M_i^2}{\sum N_i M_i} = \frac{\sum W_i M_i}{\sum W_i}$$

用光散射法测定的相对分子质量就是重均相对分子质量。

(3) Z 均相对分子质量 $\overline{M_z}$

$$\overline{M_z} = \frac{\sum N_i M_i^3}{\sum N_i M_i^2} = \frac{\sum W_i M_i^2}{\sum W_i M_i}$$

用超速离心法测定的相对分子质量就是 Z 均相对分子质量。

(4) 粘均相对分子质量 $\overline{M_\eta}$

$$\overline{M_\eta} = \left[\frac{\sum N_i M_i^{\alpha+1}}{\sum N_i M_i}\right]^{\frac{1}{\alpha}} = \left[\frac{\sum W_i M_i^\alpha}{\sum W_i}\right]^{\frac{1}{\alpha}}$$

式中　α——与聚合物及溶剂有关的常数，一般在 0.5~1 之间。

用溶液粘度法测定的相对分子质量就是粘均相对分子质量。

各平均相对分子质量有下列关系：当相对分子质量均一时，$\alpha=1$，$\overline{M_n}=\overline{M_w}$；当相对分子质量不均一时，$\alpha=0.5$，$\overline{M_n}\leq\overline{M_w}$；一般情况，$0.5<\alpha<1$，$\overline{M_n}<\overline{M_\eta}<\overline{M_w}$。

4. 聚合反应

(1) 加聚反应。

加聚反应是由许多相同或不相同的低分子聚合为高分子但无任何新的低分子产生的反应。进行加聚反应的低分子多是不饱和化合物，例如氯乙烯聚合成聚氯乙烯

$$n\mathrm{CH_2}\!=\!\underset{\mathrm{Cl}}{\mathrm{CH}} \longrightarrow \underset{\mathrm{Cl}}{(\mathrm{CH_2}\!-\!\mathrm{CH})_n}$$

由于在加聚反应中没有新的低分子产生，所以聚合物的化学组成与相应的单体相同。聚苯乙烯、聚氯乙烯、聚丙烯酰胺等聚合物都是烯烃类单体通过加聚反应生成的。

由加聚反应得到的产物叫加聚物。加聚物还可进一步划分为均加聚物和共加聚物。前者是指由相同单体通过加聚反应得到的产物；后者是指由不同单体通过加聚反应得到的产物。例如聚丙烯酰胺是均加聚物，而部分水解聚丙烯酰胺则是共加聚物（它可由聚丙烯酰胺水解，也可由丙烯酰胺和丙烯酸钠通过加聚反应制得）。

(2) 缩聚反应。

缩聚反应是由许多相同或不相同的低分子聚合为高分子但同时有新的低分子(例如水、氨或氯化氢)产生的反应。进行缩聚反应的低分子常带有—NH_2、—$COOH$、—OH 等基团。例如癸二胺和癸二酸合成工程塑料尼龙1010的反应是一个缩聚反应,反应如下

$$nH_2N-(CH_2)_{10}-NH_2 + nHOOC-(CH_2)_8-COOH \rightarrow$$
$$H-[NH-(CH_2)_{10}-NH-CO-(CH_2)_8-CO]_n-OH + (2n-1)H_2O$$

在进行缩聚反应时,高分子每引入一个重复结构单位就失去一定数量的低分子(例如上面的反应是失去二分子水),因此高分子和单体分子具有不同的化学组成。聚乙二醇、酚醛树脂、脲醛树脂、环氧树脂等高分子都是由缩聚反应产生的。

由缩聚反应得到的产物叫缩聚物。与加聚物相同,缩聚物也可进一步划分为均缩聚物和共缩聚物。前者是指由相同单体通过缩聚反应得到的产物;后者是指由不相同单体通过缩聚反应得到的产物。

二、高分子化合物的分类

高分子化合物有天然的高分子,如蚕丝、羊毛、天然橡胶等物质,也有合成的高分子,如合成橡胶、合成纤维、塑料等物质。高分子化合物的分类没有统一的方法,一般可按结构、性质或来源,对高分子进行分类。

1. 按高分子结构分类

根据高分子链节的连接方式不同,高分子的结构有三种:(1)直链线型结构。这种结构的高分子是由高分子链节连成长链高分子。由于长链高分子中原子的内旋转,所以直链线型高分子除采取伸直的构象外,主要采取蜷曲的构象。(2)支链线型结构。这种结构的高分子除由链节连成长链高分子外,在长链的周围还有相当数量的侧链,有时侧链上还有分支。在这种高分子中,通常把连成长链的部分叫主链,而连在主链周围的侧链叫支链。(3)交联体型结构。当高分子的链与链间用交联链把它们连接起来时,就形成交联体型结构。

所以按结构不同,高分子可分为线型高分子和体型高分子。

线型高分子由直链线型结构的分子和支链线型结构的分子组成,所以线型高分子又可进一步分为直链线型高分子和支链线型高分子两类。线型高分子通常在溶剂中可溶解,在加热时可熔化。由于支链线型高分子存在支链结构,使它比直链线型高分子更易溶解、更易熔化。

体型高分子由交联体型高分子组成,通常在溶剂中不溶解,在加热时不熔化。

2. 按高分子性质分类

按不同的性质,高分子有不同的分类。例如按溶解性分,高分子可分为水溶性高分子、油溶性高分子和油水都不溶的高分子;按对热的性质分,高分子可分为热塑性(即加热后可以流动,冷后固化,并可反复进行)高分子和热固性(即加热固化后,再加热也不熔化)高分子。

3. 按高分子的来源分类

若按来源,高分子可分为生化高分子、天然高分子和合成高分子三类。生化高分子是由生物化学方法(如细菌发酵)得到的。天然高分子来自自然界,此外,还应包括它的改性产物。由于合成高分子主要通过加聚反应和缩聚反应制得,所以合成高分子可分为加聚高分子和缩聚高分子。若进一步考虑参加加聚或缩聚的单体是否相同,则加聚高分子还可分为均加聚物和共加聚物,而缩聚高分子也可分为均缩聚物和共缩聚物。

三、高分子溶液

高分子溶液在油田应用广泛,如钻井液处理剂、聚合物驱油剂、高分子降阻剂等都使用高分子溶液。因为高分子较大,在分散体系中高分子溶液中属于胶体的范畴,但溶质呈分子分散状态,高分子溶液是真溶液,是热力学稳定体系,因此高分子溶液又被称为亲液溶胶。

1. 高分子的溶解过程

高分子的溶解较为缓慢,高分子间作用力很大且高分子链的长度远比溶剂分子大,使高分子和溶剂分子的运动速率存在数量级的差别,因此,高分子不可能受溶剂分子作用进入溶剂分散在溶剂中,而是溶剂分子很快渗透到高分子内部使高分子发生膨胀,这一过程叫作溶胀。溶胀后的高分子链间作用力减小,随着溶剂分子的大量进入,高分子链逐渐被分离而扩散到溶剂中去形成溶液。

影响高分子溶解的因素有:

(1)高分子的结构。只有线型高分子才能溶解,由于体型高分子存在交联链,部分体型高分子只溶胀不溶解,而大多数的体型高分子不溶胀也不溶解。例如,聚丙烯酰胺(PAM)是线型的可以溶于水中,但硫化橡胶只能溶胀不能溶解,而硬橡胶不溶胀也不溶解。

(2)溶剂的性质。对于线型高分子,溶解在溶剂中也满足低分子溶解规则,即极性相似规则和溶剂化规则。极性高分子可溶解在极性溶剂中,非极性高分子可溶解在非极性溶剂中。例如,部分水解聚丙烯酰胺(HPAM)溶于极性溶剂水中,而不溶于非极性溶剂汽油、苯中;聚乙烯塑料溶于非极性溶剂汽油、苯中,而不溶于极性溶剂水中。高分子溶液中的高分子是溶剂化状态。

(3)高分子的相对分子质量。高分子的溶解性随相对分子质量的增加而减弱。因为相对分子质量太大,高分子链之间作用力大,高分子扩散速率非常慢,很难形成溶液。例如,聚丙烯酰胺(PAM)的相对分子质量很大,在水中很难形成溶液。

2. 高分子溶液的粘度

粘度是衡量液体流动能力的物理量。当液体流动时,液体内部分子会产生摩擦力(内摩擦力)阻碍液体的相对流动,度量这种性质的物理量就是粘度。高分子溶液的最大特点是具有较高的粘度,这也是油田化学处理剂大量使用高分子的重要原因之一。产生高粘度的原因主要是:在溶液中高分子所占体积很大,阻碍溶剂分子的自由运动;高分子的亲液基团的溶剂化作用,束缚大量"自由"溶剂分子的运动;高分子的分子之间相互缠结,尤其在高浓度时更严重,使液体的内摩擦力增加。

影响高分子溶液的粘度的因素主要有以下几个方面:

(1)高分子溶液的粘度随高分子浓度的增加而急剧升高。这是因为高分子之间具有较强的分子间力,当浓度升高的分子间距离缩短,分子间力会使高分子在溶液中形成网状结构,使溶液的粘度升高。

(2)高分子溶液的粘度随温度升高而急剧下降。这是因为温度升高,分子间力减弱,不利于网状结构形成;分子的热运动使高分子卷曲不利于分子间相互缠结,溶剂分子从高分子链上脱落下来,使高分子的溶剂化作用降低,导致高分子溶液的粘度下降。

(3)pH 值对于高分子电解质的溶液粘度有很大的影响。高分子电解质的亲水基团不同,受影响的程度也有所不同。一般的,高分子电解质的亲水基团有羟基(—OH)、羧酸根(—COO$^-$)和磺酸根(—SO$_3^-$),羟基受 pH 值的影响不大,羧酸根受 pH 值的影响最大,而磺酸盐受 pH 值的影响较小。

习 题 二

1. 指出下列表面活性剂中哪些是阳离子表面活性剂？哪些是阴离子表面活性剂？哪些是非离子表面活性剂？

(1) $C_{16}H_{33}-SO_3Na$ (2) $C_{12}H_{25}-OSO_3K$

(3) $C_{17}H_{35}-COONH_4$ (4) $(C_{17}H_{35}-NH_3)Cl$

(5) $C_{16}H_{33}-O+CH_2CH_2O)_{10}H$ (6) $C_{15}H_{31}-O+CH_2CH_2O)_{10}SO_3Na$

(7) $C_{12}H_{25}-\!\!\!\bigcirc\!\!\!-O+CH_2CH_2O)_nH$

(8) $[C_{12}H_{25}-N\!\!\!\bigcirc]Cl$

2. 根据"相似相溶"规则判断下列高分子中哪种是水溶性高分子？哪种是油溶性高分子？

(1) $+CH_2-CH)_n$ (2) $+CH_2-CH)_n$
    | |
    CH_3 COONa

(3) $+CH_2-CH)_n$ (4) $+CH_2-CH)_n$
    | |
    苯环-C_3H_{17} 苯环-SO_3Na

3. 试用基数法计算下列表面活性剂的 HLB 值：

(1) $C_{17}H_{35}-OSO_3Na$ (2) $C_{17}H_{35}-COONa$ (3) $C_{18}H_{37}-SO_3Na$

4. 试用质量分数法计算下列表面活性剂的 HLB 值：

(1) $C_{15}H_{31}-O+CH_2CH_2O)_{12}H$

(2) $C_{18}H_{37}-N\begin{matrix}(CH_2CH_2O)_8-H\\(CH_2CH_2O)_8-H\end{matrix}$ (3) $C_{15}H_{31}-\!\!\!\bigcirc\!\!\!-O+CH_2CH_2O)_{15}H$

5. 计算下列高分子的相对分子质量：

(1) $+CH_2-CH_2)_{1400}$ (2) $+CH_2-CH)_{1100}$ (3) $+CH_2-CH)_{1000}$
              | |
              OH   COONa

6. 表面活性剂分子的结构特点是什么？表面活性剂在油田的作用是什么？

7. 高分子的相对分子质量有哪几种计算方法？这些方法计算的相对分子质量之间有何差异？

8. 油田常用的高分子是哪些类型？

9. 高分子在水中溶解的特点是什么？为什么？

10. 为什么高分子溶液具有较高的粘度？

第三章 钻井液化学

第一节 钻井液的功能与组成

一、钻井液的功能

钻井化学主要是用化学的方法研究和解决钻井、完井、固井过程中的有关问题。钻井化学分为三部分:钻井液化学、水泥浆化学与完井液化学。首先讨论钻井液化学。

钻井液化学主要是研究用化学方法解决钻井过程中的问题。在钻井过程中,被钻头破碎的岩石碎屑堆积在井底需要及时进行清除,否则钻头就不能继续向下破碎新的岩石,这就是钻井液最原始的功能,因此,钻井液最初由水组成。发展到现在钻井液由水、粘土、油和各种化学处理剂组成,具有许多功能,能满足钻井工艺的各种要求。钻井液在钻井工艺中起着重要的作用,人们常把钻井液称为钻井的血液,当钻井液停止循环时,钻井工作就不能继续。图3-1是钻井中钻井液的循环过程,从图中可以看到,钻井液在钻井泵(泥浆泵)作用下经过地面管线、水龙带进入钻杆,然后通过钻头水眼喷向井底,携带着钻头钻下来的岩屑(钻屑),从钻杆与地层(或套管)之间的环空上返至地面,在地面经振动筛等固控设备将岩屑除去后,返回钻井液池。钻井液在循环过程中主要有以下几个方面功能。

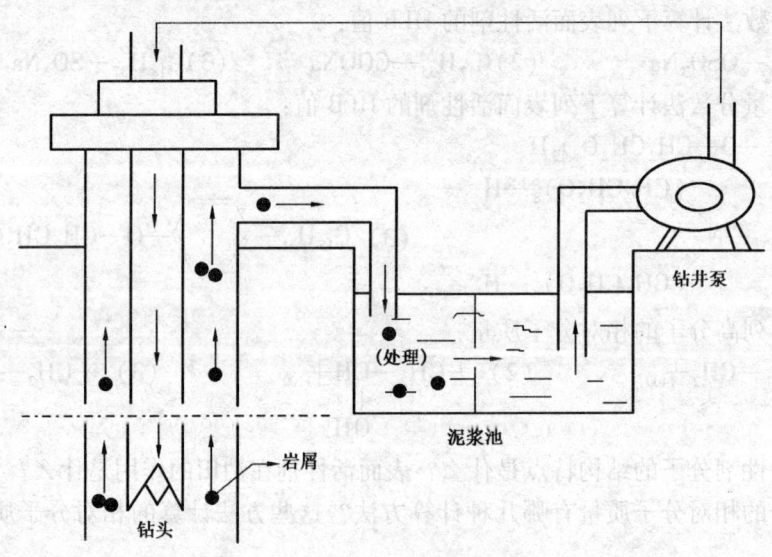

图3-1 钻井液循环示意图

1. 携带和悬浮岩屑

钻井液的一个基本功能就是把钻头破碎的岩屑从井底带到地面,保持井眼净化。储存在地面的泥浆池中的钻井液通过钻井泵吸入钻杆内部,从钻头水眼喷出然后携带岩屑,经过钻杆与井眼的环形空间返回地面,流入净化槽中,通过振动筛、沉淀净化后到钻井液池,如此循环。

当接单杆、起钻、下钻时,钻井液停止循环,此时钻井液又能把井眼中的岩屑悬浮,使岩屑不会很快下沉,以免沉砂卡钻。

所以循环的钻井液能携带岩屑,而停止循环(静止)的钻井液能悬浮岩屑。

2. 稳定井壁

井壁稳定、井眼规则是优质快速钻井的重要基础条件,当钻到一些比较松软的地层时,容易发生井壁坍塌,而钻到易水化膨胀的泥页岩地层时,会膨胀引起井的直径变小,产生缩径现象。钻井液具有抑制页岩膨胀的作用,并且在井壁可以产生薄而韧的泥饼阻止水进一步渗入井壁内,起到保护、稳定井壁的作用。

3. 平衡地层压力

当地层压力大于钻井液的液柱压力时,井涌,失控时井喷;地层压力小于钻井液的液柱压力时,井漏。钻井液的密度可在较大范围内调整,能建立与地层压力相平衡的液柱压力,达到防止井涌、喷(钻井液喷出或油喷出)和井漏(钻井液大量漏入地层)的目的。

平衡压力钻井还能防止井壁坍塌、卡钻等井下复杂情况,在井底净化、提高钻速以及减小钻井液对油层的侵害等方面起着重要的作用。

4. 冷却、润滑、清洗钻头及冲洗井底

钻井过程中钻具(钻头和钻杆)与地层摩擦产生大量热,循环的钻井液能及时带走热量,冷却钻头,否则钻头会因高温损伤,使用寿命变短;钻井液还可以减少钻具(钻头、钻柱)与岩石的摩擦,起到润滑的作用;钻井液可在钻头水眼处形成高速的液流,喷向井底,可将由于钻井液压力与地层压力差而被压在井底的岩屑冲起,起到冲洗井底和钻头的作用,保持井底净化。

5. 获取地层信息

通过钻井液携带出的岩屑,可以获取地层的地质信息,判断地层层位及油气显示,分析井下情况防止地层的各种流体(油、水或气)从钻层渗透到井内。

6. 传递功率

钻井液可将钻井泵的功率经钻柱从钻头水眼高速喷射传到井底,提高钻头的破岩能力,加快钻井速度。

二、钻井液的组成及类型

1. 钻井液的组成

钻井液由分散介质、分散相和钻井液处理剂组成。钻井液中的分散介质可以是水、油或是气体;分散相一般是粘土,也可以是密度调整材料、油或水,甚至是气体;钻井液处理剂是为调节钻井液性能而加入的各种化学剂。所以组成钻井液的材料有两类:钻井液原材料(粘土、水和油)和钻井液处理剂(化学处理剂)。

(1)粘土。

钻井液的粘土主要采用高岭石、蒙脱石和伊利石,最常用的是膨润土(蒙脱石含量大于等于85%的粘土矿物),颗粒大小一般为 $0.1 \sim 100 \mu m$,直径非常小,几乎与胶体颗粒大小相同,所以钻井液属于胶体体系。因为粘土颗粒在水中有分散性、带电性和离子交换性,属于多级分散体系,使得钻井液具有粘性和滤失特性,在静止时形成可逆胶凝结构。

(2)水。

钻井液的分散介质一般是水,如水基钻井液中分散介质是水。对不同的地层,钻井液对水的要求不相同,因此配制钻井液的水一般分为三类:淡水,含可溶性盐类较少;盐水,含钙、镁离子较多,如海水或硬水;饱和盐水,含钠盐较多。

(3)油。

据钻井工艺的要求有时用油作为钻井液的分散介质,如油基钻井液中分散介质是油,常用油是柴油或原油。

2. 钻井液的分类

对不同地质条件的地层有不同的钻井工艺设计,因此要求不同的钻井液。钻井液的种类很多,分类的方法也有多种,例如按密度可分为低密度钻井液和高密度钻井液,或非加重钻井液和加重钻井液;按对粘土水化作用的强弱可分为抑制性钻井液和非抑制性钻井液;一般按钻井液分散体系中分散介质的不同可分为水基钻井液、油基钻井液和气体型钻井流体三种,近期又出现了一类合成基钻井液,在实际钻井作业中水基钻井液占主导地位。

(1)水基钻井液。

水基钻井液是指分散介质为水的钻井液,基本成分是粘土、水和化学处理剂。水基钻井液发展最早,应用最广泛,种类也很多。

① 淡水钻井液。

由含盐(NaCl)量小于1%,Ca^{2+}含量小于120mg/L的淡水、膨润土和各种化学处理剂配制而成,这是最广泛使用的钻井液。其特点是:可容纳较多的固相,较适于配制高密度钻井液;容易在井壁上形成较致密的泥饼,故其滤失量一般较低。不足的是抑制性和抗污染能力较差,由于体系中固相含量高对提高钻速和保护油气层均有不利的影响。

② 盐水钻井液。

盐水钻井液由NaCl含量大于1%的水配制,普通盐水钻井液、饱和盐水钻井液和海水钻井液都属于盐水钻井液。盐水钻井液的特点:抗盐能力强,常用于海上、岩盐层钻井。盐水钻井液也是一类对粘土水化有较强抑制作用的钻井液。

③ 钙处理钻井液。

钙处理钻井液由Ca^{2+}含量大于120mg/L的水配制而成(主要加入石灰),石灰钻井液、石膏钻井液和氯化钙钻井液都属于钙处理钻井液。钻井液中Ca^{2+}通过与水化作用很强的钠膨润土发生离子交换,使一部分钠膨润土转变为钙膨润土,从而减弱水化的程度。钙处理钻井液的特点:防塌性能好,抗盐能力强,流动性好,并且对所钻地层中的粘土有抑制其水化的作用,因此可在一定程度上控制页岩坍塌和井径扩大,同时能减轻对油气层的损害。

④ 聚合物钻井液。

聚合物钻井液又称为无固相钻井液,是以某些具有絮凝和包被作用的高分子聚合物作为主要处理剂的水基钻井液。聚合物钻井液的特点:钻井液密度小、固相含量低,因而钻进速率可明显提高,对油气层的损害程度也较小;剪切稀释特性强,在一定泵压下,环空流体的粘度、切力较高,因此具有较强的携带岩屑的能力;在钻头喷嘴处的高剪切速率下,流体的流动阻力较小,有利于提高钻速;聚合物处理剂具有较强的包被和抑制分散的作用,因此有利于保持井壁稳定。

(2)油基钻井液。

油基钻井液是指以油(柴油、原油)为分散介质,沥青或有机膨润土、化学处理剂为分散相的钻井液。油基钻井液对油层损害小,抗盐性能强;成本高,在特殊地层中使用。常用于超深井的高温井段、易塌地层、低压油气层的钻井。

此外，以油（原油、柴油）为分散介质，水、有机膨润土（或亲油的粉末）和化学处理剂为分散相的油包水乳化钻井液也属于油基钻井液。油包水乳化钻井液热稳定性好，防塌效果好，对油层损害小。常用于超深井的高温井段、易塌地层、低压油气层的钻井。

(3)气体型钻井流体。

气体型钻井流体主要适用于钻低压油气层、易漏失地层以及某些稠油油层。其特点是密度低，钻速快，可有效保护油气层，并能有效防止井漏等复杂情况的发生。通常又将气体型钻井流体分为四种类型：① 空气或天然气钻井流体；② 雾状钻井流体；③ 泡沫钻井流体；④ 充气钻井液。

除了上面讨论的钻井液外，近几年还常用合成基钻井液。合成基钻井液是以合成的有机化合物作为连续相，盐水作为分散相，并含有乳化剂、降滤失剂、流型改进剂的一类新型钻井液。由于使用无毒并且能够生物降解的非水溶性有机物取代了油基钻井液中通常使用的柴油，因此这类钻井液既保持了油基钻井液的各种优良特性，同时又能大大减轻钻井液排放时对环境造成的不良影响，尤其适用于海上钻井。

三、钻井液处理剂的分类

钻井液要满足不同地层的要求，必须在其中加入各种化学处理剂。随着钻井工艺向高速优质，深井、海洋和复杂地层发展，相应的钻井液处理剂种类越来越多，目前已达300多种。国内外对钻井液处理剂的分类有所不同，日本将钻井液处理剂分为21类，美国石油学会(API)将钻井液处理剂分为18类，我国于1986年经钻井液标准化委员会研究决定，把钻井液材料分为16类。

(1)粘土类：主要用来配制原浆，也有增加粘切、降低漏失量的作用，常用膨润土、抗盐土及有机土等。

(2)加重材料：主要用来提高钻井液的密度，以控制地层压力，防塌防喷。

(3)降滤失剂：主要用来降低钻井液的漏失量，常用的有羧甲基纤维素(CMC)，预先胶化淀粉，聚丙烯酸盐等。

(4)降粘剂：改善钻井液的流动特性，如粘度、切力，以增加可泵性，减少摩阻。常用的有单宁、各种磷酸盐、褐煤制品、木质素磺酸盐等。

(5)增粘剂：主要用来促进钻井液中粘土颗粒网状结构的形成，增加胶凝强度以形成高流阻。常用的有羧甲基纤维素(CMC)、高聚物、预先胶化淀粉等。

(6)润滑剂：主要用来降低摩阻系数，减小扭矩，增加钻头的水马力以及防止粘卡。常用的有某些油类、石墨、塑料小球及表面活性剂。

(7)页岩抑制剂：用来抑制页岩中所含粘土矿物的膨胀和分散而引起的井塌。常用的有石膏、硅酸盐、石灰、钾盐、铵盐、各种沥青制品及高聚物的钾、铵、钙盐等。

(8)缓蚀剂：用来控制钻具受到各种腐蚀。常用的有各种消石灰、亚硫酸钠、碳酸锌及胺盐，油基钻井液也具有较好的抑制腐蚀的性能。

(9)乳化剂：用来使两种不相溶的液体形成均匀的混合体，常用的有改性木质素磺酸盐、某些表面活性剂（包括阳离子及非离子型的表面活性剂）。

(10)消泡剂：用来消除钻井液中的气泡及降低起泡作用，尤其对咸水处理和盐水钻井液更为重要，常用的有泡敌、甘油聚醚、硬脂酸铝等。

(11)杀菌剂:主要用来杀灭钻井液中的有害细菌,使其降低到安全的含量范围内,以免破坏某些处理剂的效能,常用的有多聚甲醛、烧碱、石灰以及各种发酵剂。

(12)絮凝剂:用来絮凝钻井液中过多的粘土细微颗粒及消除岩屑,从而使钻井液保持低固相。它也是一种良好的包被剂,可使岩屑不分散,易于清除,并有防塌作用。常用的有石膏、消石灰、各种聚丙烯酰胺等。

(13)起泡剂:主要用来使水溶液产生气泡,又称泡沫剂,当使用气体钻井时,遇到水层可用泡沫剂将水带出,还可用于配制各种钻井液。常用的有烷基磺酸钠等。

(14)堵漏剂:用来封堵漏失地带,以恢复钻井液的正常循环。常用的有各种惰性材料及化学堵漏剂。

(15)解卡剂:用来浸泡钻具在井内被泥饼粘附的井段,以降低其摩阻系数,增加润滑性,从而解除压差卡钻。常用的有各种油类、含有快渗剂的油包水乳化剂、酸类等。

(16)其他:主要包括大部分的无机处理剂及一些特殊用途的化学处理剂,常用的有各种无机盐、过氧乙烯树脂、蓖麻油等。

第二节 钻井液处理剂

一、钻井液密度与加重剂

1. 钻井液密度

钻井液密度是指单位体积钻井液的质量。钻井液密度的大小可根据平衡地层压力和地层构造应力的需要而调整。在钻井过程中,为了平衡地层压力,常常需要调节钻井液密度,以达到改变钻井液的液柱压力,防止井喷或钻井液漏进地层(井漏),也可以控制或减轻井壁坍塌。

在整个钻井过程中,钻井液的密度控制是很重要的。提高钻井液密度不但能防止井喷还有利于支承井壁,保证井眼的稳定,阻止地层流体流入井筒污染钻井液,但密度过高不利于提高钻进速率,易发生卡钻事故,严重时使地层压力大大小于钻井液的液柱压力发生井漏事故。降低钻井液密度有利于避免井漏、提高钻进速率和减少压差卡钻几率,但密度降低使钻井液对岩屑的悬浮力下降,严重时使地层压力大于钻井液的液柱压力引发井喷。因此,钻井液密度提高使钻井液的液柱压力升高;钻井液密度减小使钻井液的液柱压力降低。减小钻井液密度的方法是加水或充气,因水和气体的密度都低于钻井液密度;提高钻井液密度的方法是加入加重剂,加重剂是高密度材料。在保证钻井液能平衡地层压力的条件下,钻井液密度随地层压力变化随时调整。一般在油气层、盐水层和页岩层的钻井中要求钻井液有较高的密度;在低压地层的钻井中要求钻井液有较低的密度。

2. 加重剂

加重剂是用于提高钻井液密度的化学剂。加重剂两种:一种是高密度的不溶性矿物质(见表3-1)粉末,其中重晶石($BaSO_4$)和石灰石($CaCO_3$)来源广、成本低,所以是使用最多的高密度材料。另一种是高密度的水溶性盐(见表3-2),这些盐可溶于钻井液中提高钻井液密度,由于盐对钻井设备有腐蚀,因此在使用时必须加入缓蚀剂,防止盐对钻井设备的腐蚀。在钻井中常用的加重剂是高密度的不溶性矿物质粉末,如重晶石和石灰石。

表3–1 高密度的不溶性矿物质

名　称	主　要　成　分	密度,$g \cdot cm^{-3}$
石灰石	$CaCO_3$	2.7～2.9
重晶石	$BaSO_4$	4.2～4.6
菱铁矿	$FeCO_3$	3.6～4.0
钛铁矿	$TiO_2 \cdot Fe_3O_4$	4.7～5.0
磁铁矿	Fe_3O_4	4.9～5.2
黄铁	FeS_2	4.9～5.2

表3–2 高密度的水溶性盐

水溶性盐	盐的密度,$g \cdot cm^{-3}$	饱和水溶液密度,$g \cdot cm^{-3}$
KCl	1.398	1.16(20℃)
$NaCl$	2.17	1.20(20℃)
$CaCl_2$	2.15	1.40(60℃)
$CaBr_2$	2.29	1.80(10℃)
$ZnBr_2$	4.22	2.30(40℃)

加重剂用量的计算如下。设钻井液在加入加重剂前后的密度分别为ρ_1、ρ_2,加重剂的用量为W：

$$W = V_{钻} \rho_{加} \frac{\rho_2 - \rho_1}{\rho_{加} - \rho_2} \qquad (3-1)$$

式中　$V_{钻}$——钻井液的体积(加入之前),m^3；

　　　$\rho_{加}$——加重剂的密度；

　　　W——加重剂的用量,t。

例如,$1m^3$密度为1.30的钻井液,加入重晶石使密度增加到1.80,需加入重晶石多少t?

$$W = 1 \times 4.20 \times \frac{1.80 - 1.30}{4.20 - 1.80} = 0.909(t)$$

所以$1m^3$钻井液需加入909kg重晶石,其密度从1.30增加到1.80。

常用的加重剂有：

(1)重晶石(硫酸钡,$BaSO_4$)。

纯物质为白色粉末,含有杂质时带有灰色或绿色。相对分子质量为233.40,不溶于水、有机溶剂、酸和碱的溶液,密度为4.2～4.6$g \cdot cm^{-3}$,现场使用的重晶石密度一般为3.9～4.2$g \cdot cm^{-3}$。

重晶石是钻井中最常用的加重剂,能迅速提高钻井液密度。

(2)石灰石(碳酸钙,$CaCO_3$)。

纯物质为白色结晶粉末,含有杂质时呈灰色或浅黄色。相对分子质量为100.09,不溶于水,但能溶于盐酸,密度为2.7～2.9$g \cdot cm^{-3}$。

石灰石也是钻井中最常用的加重剂,其优点是在钻井时不会堵死油气层,因为油气层酸化时石灰石被溶解,反应如下

$$CaCO_3 + 2HCl = CaCl_2 + H_2O + CO_2\uparrow$$

由于密度比较小,要使钻井液密度提高到1.5以上加入量很大,但这会加大钻井液的固相含量,使钻井液的流动性减小,因此石灰石不能用于高压地层的钻井。

二、钻井液酸碱性与pH值控制剂

钻井液酸碱性与钻井液中粘土的分散程度,Ca^{2+}、Mg^{2+}在钻井液中浓度的控制及钻井液对钻具的腐蚀性有关。钻井液的酸碱性可用pH值表示,也可用碱度表示钻井液的酸碱性(碱度是指用浓度为$0.01mol \cdot L$的标准硫酸中和1mL样品时碱所消耗的体积,单位用mL表示),钻井液的pH值一般控制在8~10范围,或碱度控制在1.3~1.5mL范围。

在钻井过程中,钻井液的pH值会因盐侵、井壁吸附等各种原因发生变化,最常见的是pH值下降的情况。若钻井液的pH值过低,钻井液对钻井设备的腐蚀性增加,还会使粘土中Ca^{2+}、Mg^{2+}流失,使钻井液的失水性增加,钻井液的流变性发生改变。钻井液酸碱性可用pH值控制剂(或称碱度控制剂)控制。由于钻井液通常在弱碱性范围使用,所以钻井液使用的pH值控制剂均为碱性化学剂。

常用下列pH值控制剂。

1. 氢氧化钠

氢氧化钠是强碱,在水中解离,直接给出OH^-,提高钻井液的pH值,是一种使用很方便的pH值控制剂。

氢氧化钠还有以下作用:

(1)钠化作用。解离产生的Na^+,可使钻井液中的钙土转变为钠土,有利于提高钻井液的稳定性,但它也可使井壁的页岩膨胀、分散,因而不利于井壁稳定。

(2)沉淀作用。当钻井液中Ca^{2+}、Mg^{2+}浓度过高时,氢氧化钠可将这些离子形成沉淀,使Ca^{2+}、Mg^{2+}浓度降低,反应如下

$$Ca^{2+} + 2OH^- = Ca(OH)_2\downarrow$$

$$Mg^{2+} + 2OH^- = Mg(OH)_2\downarrow$$

2. 碳酸钠

碳酸钠在水中呈碱性,碳酸钠解离得到Na^+和CO_3^{2-},而碳酸根水解产生OH^-起调整钻井液pH值的作用,相关反应为

$$Na_2CO_3 = 2Na^+ + CO_3^{2-}$$

$$CO_3^{2-} + H_2O = HCO_3^- + OH^-$$

$$HCO_3^- + H_2O = H_2CO_3 + OH^-$$

碳酸钠还有以下作用:

(1)钠化作用。与氢氧化钠的作用相同。

(2)沉淀作用。降低钻井液中Ca^{2+}、Mg^{2+}浓度,碳酸根使Ca^{2+}、Mg^{2+}形成沉淀,反应如下

$$Ca^{2+} + CO_3^{2-} = CaCO_3\downarrow$$

$$Mg^{2+} + CO_3^{2-} = MgCO_3\downarrow$$

3. 碳酸氢钠

碳酸氢钠在水中呈碱性，碳酸氢钠解离得到 Na^+ 和 HCO_3^-，碳酸氢根水解产生 OH^- 起调整钻井液 pH 值的作用，相关反应为

$$NaHCO_3 = Na^+ + HCO_3^-$$

$$HCO_3^- + H_2O = H_2CO_3 + OH^-$$

碳酸氢钠还有以下作用：
（1）钠化作用。与氢氧化钠的作用相同。
（2）沉淀作用。降低钻井液中 Ca^{2+}、Mg^{2+} 浓度，碳酸氢根使 Ca^{2+}、Mg^{2+} 形成沉淀，反应为

$$Ca^{2+} + OH^- + HCO_3^- = CaCO_3 \downarrow + H_2O$$

$$Mg^{2+} + OH^- + HCO_3^- = MgCO_3 \downarrow + H_2O$$

三、钻井液的滤失性与降滤失剂

1. 钻井液的滤失性

钻井液通过钻杆从钻头水眼喷出进入井眼，钻井液中的水便向地层孔隙渗透，又因为在钻井过程中，为防止地层流体进入井筒，钻井液柱的静压力必须大于地层孔隙内的流体压力，因此在这种压差下钻井液中的水分不可避免地通过井壁滤失到地层中，造成钻井液失水，这种性质就是钻井液的滤失性。钻井液的滤失性是指钻井液是否易于滤失（渗透）进入地层的性质，滤失性的高低可用钻井液滤失量衡量，滤失量是对钻井液渗入地层的液体量的一种相对测量。钻井液滤失量是指钻井液在一定温度、一定压差和一定时间内通过一定面积的渗滤面所得的滤液体积。钻井液中水渗透进入地层的能力越强，钻井液的滤失性越高，钻井液滤失量越大。

随着钻井液的水分滤失进入地层，钻井液中固相颗粒（粘土颗粒）粘附在井壁上形成一层致密、有一定厚度的泥饼（又称为滤饼），反过来阻止钻井液进一步失水，同时起到了保护井壁的作用。一般钻井液滤失量少，能形成结构致密、渗透性低、薄而韧性强、耐冲刷及润滑性好（低摩擦系数）的泥饼，这样的泥饼能阻止钻井液中水进一步渗透到地层，起到保护、稳定井壁的作用。因此，钻井液的滤失性与地层的渗透性以及滤饼的质量有关。

在钻井作业中有动滤失和静滤失两种，动滤失发生在钻井液循环时，静滤失是在钻井液停止循环时通过滤失介质（泥饼）进入渗透性地层的滤失。因此，钻井液滤失量分为动滤失量和静滤失量，动滤失量大于静滤失量，其中静滤失量可以通过实验测定（静滤失量是用钻井液滤失量测定仪测定的滤失量），但至今还未能确定同一种钻井液动滤失和静滤失之间的关系。钻井液的滤失量与时间、渗透压力（钻井液柱压力与地层孔隙内流体压力之差）、地层的渗透性、滤饼的渗透率及钻井液的滤液粘度等因素有关。

在钻井过程中，钻井液滤失量过高，地层被浸泡使泥岩、页岩膨胀，井壁不稳定，严重时会发生井壁坍塌；钻井液滤失量过高，渗入到地层的钻井液会损害油气层，并污染地层；钻井液滤失量过高还使所形成的泥饼厚而松散，摩擦系数高，易粘卡，引起钻头泥包或堵水眼，起钻时上提力增加造成遇卡、下套管遇阻，不利于电测，影响井身质量等。一般要求钻井液具有适当低的滤失量和薄而致密坚韧的泥饼。

在钻井过程中，钻井液滤失的速率和数量直接与钻进速率、页岩水化坍塌、渗透性地层、渗透压力等因素有关。因此，控制钻井液滤失性（滤失量）与所钻井的地层有关。在渗透性地层

和易坍塌地层钻井时,滤失量尽可能严格控制在最低值,而在稳定性好的地层钻井或使用抑制性强的钻井液时,滤失量可放宽。

钻井液有较低的滤失量必须控制钻井液的固相含量。钻井液中应含有最低限度的膨润土,以利于形成低渗透的可压缩的泥饼而降低滤失量。对于含量较高的岩屑和重晶石的高密度钻井液,会形成渗透性和孔隙度较高的不可压缩泥饼,因此,应在可能的范围内维持一定含量的膨润土以尽量清除岩屑,增加重晶石表面弹性。当固相含量较高而当量膨润土含量偏低时,说明钻井液中缺少膨润土胶体颗粒,会使滤失量高,形成的泥饼质量差,增加膨润土的含量。实际上,控制钻井液滤失性最有效的方法是加入可降低滤失性的降滤失剂。

2. 钻井液降滤失剂

钻井液降滤失剂是指能降低钻井液滤失量的化学剂,又称为滤失控制剂、降失水剂,是钻井过程中最常用的化学处理剂。降滤失剂对维护钻井液性能、保证钻井顺利进行、减少钻井液维护工作量、降低钻井液处理剂消耗以及保护油气层都起着重要作用。在钻井液中加入降滤失剂可以降低并控制钻井液的滤失量。钻井液降滤失剂主要有羧甲基纤维素及其改性化合物(CMC)、预先胶化淀粉、聚丙烯酸盐等水溶性高分子化合物。

降滤失剂在钻井液中有以下主要作用:

(1)稳定胶体颗粒,使粘土颗粒分布均匀、合理,形成好的泥饼。降滤失剂分子吸附在粘土颗粒表面,使粘土颗粒表面的负电性增加和水化层加厚,提高了粘土颗粒的聚结稳定性,使粘土颗粒保持较小的粒度并有合理的粒度大小分布,这样可产生薄而韧、结构致密的泥饼,降低泥饼的渗透率,使钻井液的滤失量减少。

(2)提高滤液粘度(使水的滤失量减小)。降滤失剂都是水溶性高分子,它们溶在钻井液中,可提高钻井液的粘度。

(3)对泥饼具有堵孔作用,使泥饼致密,渗透性低。滤失剂为高分子,其大小在胶体范围,封堵泥饼孔隙的入口,阻碍钻井液滤液渗入地层,降低泥饼的渗透率,减少钻井液的滤失量。

3. 常用的降滤失剂

(1)纤维素及其改性化合物。

纤维素是一种天然高分子化合物,是由多环式葡萄糖单元构成的长链状高分子化合物,其结构式如图3-2所示。纤维素分子的环式葡萄糖单元结构上的取代基决定纤维素的水溶性、抗盐能力,聚合度n决定纤维素的相对分子质量和对钻井液的增粘能力,作为降滤失剂的纤维素常常是经过改性后的改性纤维素。如对纤维素进行羧甲基化、羟乙基化等化学改性,在纤维素中引入亲水基团,使其水溶性增加,并且改性纤维素可耐温至130℃,也有良好的耐盐性能,可用在饱和盐水中,它的生物稳定性比改性淀粉好。钠羧甲基纤维素以及羟乙基纤维素等常用的改性纤维素都可用作钻井液降滤失剂。

例如,羧甲基纤维素钠(Na-CMC)是无毒、无味、无臭、松散性白色(或浅黄色)粉末,具有润滑性,溶于水形成透明粘稠的胶体溶液,这是最常用的降滤失剂,其分子结构如图3-2所示。

(2)腐殖酸及其衍生物。

腐殖酸也是天然高分子化合物,它不是单一的化合物,而是由分子大小不同、结构复杂的羟基、羧基、芳香酸组成的混合物。由于腐殖酸中含有活性反应基团羧基、羟基等,因此常常被选作多种抗高温降滤失剂的主要材料。

腐殖酸的分子中含有苯环、杂环、醇羟基、酚羟基、羧基、磺酸基、胺基、甲氧基等基团,其分

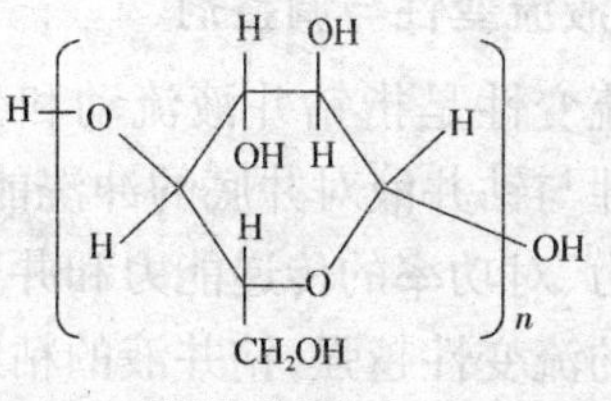

纤维素的结构式 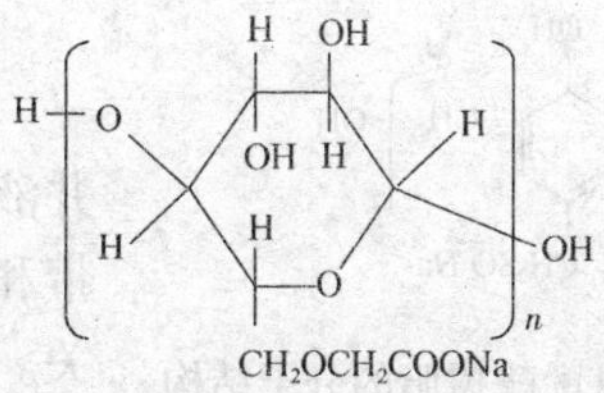　　　　　　　　　羧甲基纤维素钠结构式

图 3-2　羧甲基纤维素钠的结构

子结构十分复杂,如图 3-3 所示。腐殖酸是由生物残体在空气、水作用下部分分解形成的,常存在于褐煤之中(含 30%~80% 的腐殖酸)。

腐殖酸的相对分子质量为 $10^2 \sim 10^6$,难溶于水,但可与碱反应,生成水溶性的腐殖酸盐。煤碱剂就是由褐煤加适量烧碱和水配制成的降滤失剂,其有效成分为腐殖酸钠,是一种低成本的处理剂。

腐殖酸通过硝化、磺甲基化等方法可得到腐殖酸衍生物,如铬褐煤、磺甲基褐煤、硝基腐殖酸等。腐殖酸衍生物具有良好的抗温和抗盐能力,其效果比腐殖酸更好,是良好的高温高压降滤失剂,其抗温能力达 230℃。

(3) 淀粉及其改性淀粉。

淀粉多存在于植物的种子或块茎中,主要来源于玉米、马铃薯等植物。淀粉是白色、无臭、无味的粉末。淀粉是一种多羟基高分子化合物,其结构与纤维素相似,但由于淀粉结构中的 —CH_2OH 基团同在主链一侧,使之在性质上与纤维素有很大差别。淀粉由直链淀粉和支链淀粉组成,直链淀粉是一种可溶性淀粉,支链淀粉是一种不溶性淀粉。直链淀粉分子结构如图 3-4 所示。在玉米、马铃薯等的淀粉中直链淀粉含量约为 20%~30%,支链淀粉含量约为 70%~80%。

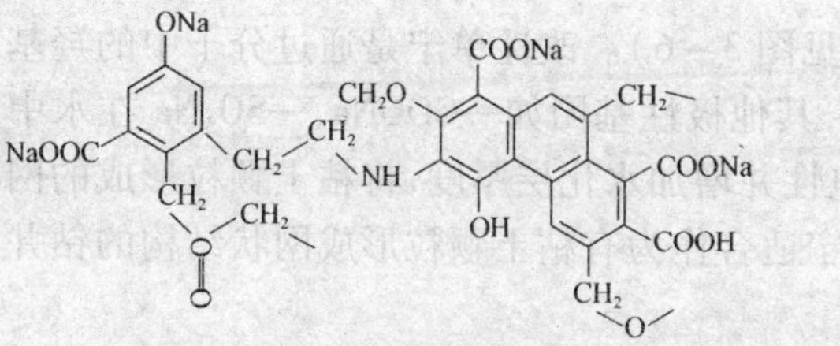

图 3-3　腐殖酸分子的结构 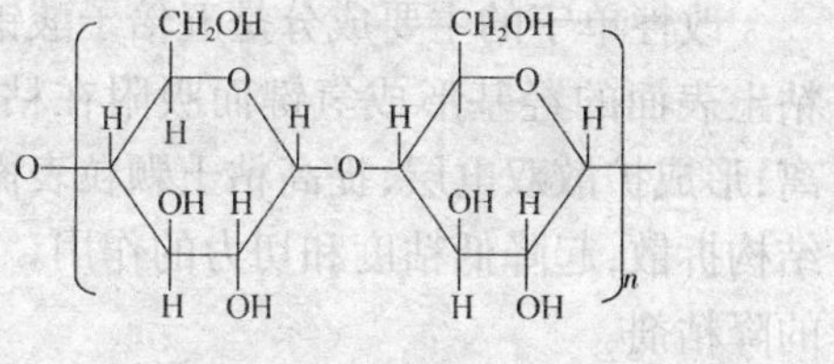　　　　　　　图 3-4　直链淀粉的分子结构

为了提高淀粉性能,对淀粉进行各种化学处理,如碱化、羧甲基化、羟乙基化等,就得到碱化淀粉、钠羧甲基淀粉及羟乙基淀粉等改性淀粉。与纤维素相比,改性淀粉具有抗盐性好、价格低等优势,将烯烃类单体接枝到淀粉分子中,更能有效提高淀粉的耐盐性和降滤失性。因此,改性淀粉具有较好的增粘能力、耐高温(温度达到 120℃)、耐盐性。由于淀粉能降解,淀粉及其改性淀粉是很好的环保产品。

(4) 酚醛树脂类。

酚醛树脂类是指以酚醛树脂为主体,经磺化或引入其他基团而得到的物质,如磺甲基酚醛树脂、磺化褐煤酚醛树脂。

磺甲基酚醛树脂是最常用的产品,其分子结构如图 3-5 所示。磺甲基酚醛树脂具有较好的降粘性,还具有热稳定性,可抗 180~200℃ 高温,有较好的抗盐能力。

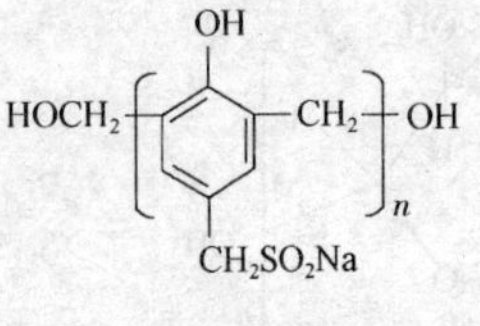

图 3-5 磺甲基酚醛树脂的分子结构

四、钻井液流变性与调整剂

钻井液流变性是指钻井液流动和变形的性质。钻井液的流变性与钻井液对井底的冲洗能力、对岩屑的携带和悬浮能力、对功率的传递能力和井壁稳定等直接相关。钻井液的流变性越强,钻井液的粘度越小;反之,钻井液的粘度越大。因此,钻井液的流动及变形能力与钻井液的粘度有关,也就是钻井液的粘度与钻井液的携带和悬浮岩屑的能力以及井壁稳定等有关。

钻井液粘度升高,钻井液在井底易形成粘性垫子,降低和减缓钻头切削刃对井底的冲击和切削作用,使钻速降低,所以粘度大,流动阻力大,消耗功率大;其次,形成的泥饼厚而松散,摩擦系数高,易粘卡,引起钻头泥包或堵水眼、起钻上提遇卡、下套管遇阻、井底岩屑难以除去等井下复杂情况。

钻井液粘度降低,使钻井液呈湍流流动。由于岩屑在湍流中下沉速率比层流快,钻井液携带、悬浮岩屑的能力会下降;并且钻井液在环形空间对井壁形成湍流冲刷,造成井壁不稳定,严重时会发生井壁坍塌。

因此,钻井液的粘度必须保持在一个合适的范围,通常加入降粘剂及增粘剂调节钻井液的粘度。

1. 降粘剂

降粘剂是指能降低钻井液粘度和切力的调整剂。降粘剂的种类很多,其主要作用是降粘剂分子中的羟基(—OH)在钻井液的粘土表面吸附分子中带电的基因使粘土颗粒表面带电,带电粘土颗粒间相互排斥,破坏了粘土间的网状结构,因此,降低了钻井液的粘度和切力。常用的降粘剂有以下几种。

(1)改性单宁。

改性单宁的主要成分是五倍子酸钠(结构见图 3-6)。改性单宁是通过分子中的羟基与粘土表面的羟基形成氢键而吸附在粘土表面,其他极性基团如—COONa、—SO_3Na 在水中解离,形成扩散双电层,提高粘土颗粒表面的负电性并增加水化层厚度,将粘土颗粒形成的网状结构拆散,起降低粘度和切力的作用。改性单宁适合作为有粘土颗粒形成网状结构的钻井液的降粘剂。

(2)改性木质素磺酸盐。

木质素磺酸盐是亚硫酸盐造纸法中产生的副产物,其基本结构单元的结构式如图 3-7 所示。在水中木质素磺酸盐与三价金属离子的多核羟桥配位离子配位形成改性木质素磺酸盐。如三价金属离子为 Fe^{3+}、Cr^{3+},则可用它们的多核羟桥配位离子将木质素磺酸盐改性,形成铁铬木质素磺酸盐。

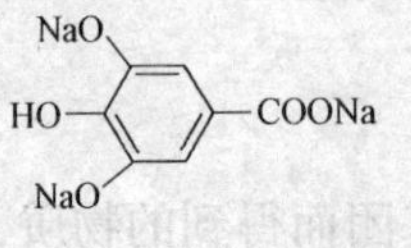

图 3-6 五倍子酸钠的分子结构 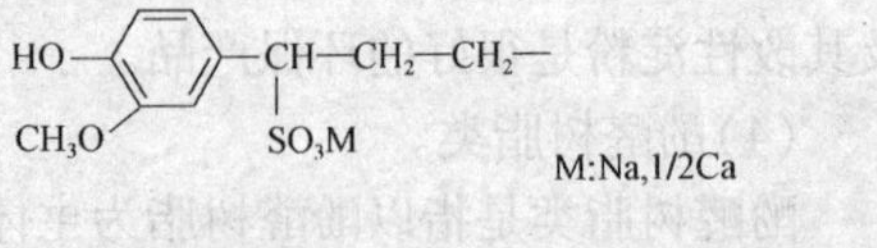　　图 3-7 木质素磺酸盐的基本结构单元的结构式

铁铬木质素磺酸盐也是通过氢键吸附在粘土表面,提高粘土颗粒表面的负电性并增加水

化层厚度,将粘土颗粒形成的结构拆散,起降低粘度和切力的作用。

由于铁铬木质素磺酸盐比改性单宁有更多的极性基团,其中包括耐盐、耐温的磺酸盐基团,所以它比改性单宁有更好的降低粘度和切力的作用,而且耐盐、耐温。使用时,铁铬木质素磺酸盐也存在起泡沫问题,也需用消泡剂消泡;而且铁铬木质素磺酸盐中的铬对环境有污染,人们研制了一系列的无铬木质素磺酸盐,如铁、锆、钛等的木质素磺酸盐。

(3) 烯类单体低聚物。

低聚物是指相对分子质量较小($2\times10^3\sim6\times10^3$)的聚合物。烯类单体低聚物是通过氢键吸附在粘土颗粒的羟基表面。若低聚物中还有阳离子链节,它还通过阳离子链节吸附在粘土颗粒的负电表面。其余未吸附链节的极性基团则通过增加粘土颗粒表面的负电性和水化层厚度,拆散粘土颗粒联结所产生的结构,起降低粘度和切力的作用。此外,对由聚合物(高聚物)配制的钻井液低聚物还可通过竞争吸附使吸附在粘土表面的聚合物解吸下来,破坏粘土与聚合物组成的结构,起降低粘度和切力的作用。因此,烯类单体低聚物对由聚合物配制的钻井液是特别适用的降粘剂,能起改性单宁和改性木质素起不到的降低粘度和切力的作用。

2. 增粘剂

增粘剂是指能提高钻井液粘度和切力的调整剂。增粘剂具有调整钻井液动切力、静切力、粘弹性和改善泥饼质量、提高钻井液滤液粘度的作用。增粘剂一般为水溶性高分子化合物。常用的增粘剂有两类:天然多糖改性衍生物和正电胶。

(1) 改性纤维素。

利用天然多糖改性衍生物作增粘剂的较多,最常用的是改性纤维素,纤维素是自然界中较丰富的一种天然有机聚合物。在化学结构上,它是长链化合物,每个单体上均有三个羟基,可进行多种化学反应生成各种改性纤维素,例如钠羧甲基纤维素和羟乙基纤维素。聚合度和取代度越高的改性纤维素越适合作增粘剂。

改性纤维素的作用机理:① 通过分子中极性基团的水化和分子间的互相纠缠,对钻井液中的水起稠化作用。② 通过在粘土颗粒表面吸附,增加粘土颗粒体积,提高其流动时所产生的阻力。③ 通过桥接,在粘土颗粒间形成结构,产生结构粘度。

(2) 正电胶。

正电胶是混合金属盐溶液逐步用沉淀剂将金属离子沉淀出来所配得的增粘剂。可用的金属盐包括二价金属盐(如氯化镁)和三价金属盐(如氯化铝)。正电胶适合作水基钻井液的增粘剂。

正电胶中最有代表的是层状混合金属氢氧化物(MMH),MMH 是一种带正电的纳米晶体胶粒,其溶胶对粘土有极强的抑制作用。MMH-膨润土体系凝胶结构的拆散和恢复很快,"固液"双重性十分明显,具有极好的悬浮稳定性,它能悬浮岩屑经久不沉;MMH 无毒,不污染环境;含有 MMH 的钻井液体系具有很好的抗盐能力,可用于淡水、盐水和饱和盐水钻井液;具有良好的抗泥页岩污染和耐高温的能力;对储层渗透率损害小,能抑制地层粘土的分散,有利于保护油气层;该体系流变性独特,具有较好的剪切稀释特性;能显著提高钻井速率,降低成本。在 MMH 的层状结构中,没有足够的空间容纳等电量的阴离子基团,因此,MMH 晶体带正电。层间吸附很高的正电荷粒子间存在静电斥力而不易聚结,成为稳定的胶体。人工合成 MMH 的方法有两种:一种是共沉法,可制备单层晶体;另一种是插入法,用来制备二层或三层晶体。目前,以 MMH 为主要处理剂的正电胶钻井液完井液体系得到广泛推广应用,收到很高的经济效益和社会效益。

正电胶周围的扩散双电层离子都是水化了的。水分子在水化层中按其极性定向排列,其带正电的一端朝外,即正电胶表面的水化层外侧是带正电的,它可通过静电作用与带负电的粘土颗粒表面联结,形成结构,产生结构粘度,起提高钻井液粘度和切力的作用。

正电胶提高钻井液粘度和切力的作用有下面的特点:① 与粘土颗粒只形成结构,但不产生电性中和,因此不会引起粘土颗粒聚沉。② 在剪切应力作用下,结构易于破坏,使钻井液的剪切稀释特性更加突出。

五、钻井液固相含量的控制与钻井液絮凝剂

1. 钻井液中的固相

钻井液中的固相来源于配浆材料(粘土、加重材料、堵漏材料和各种聚合物添加剂等)和钻井本身的产物岩屑。钻井液中固相物质的多少用固相含量表示,固相含量用密度表示,即单位体积钻井液中固相物质的质量,单位用 $kg \cdot m^{-3}$ 或 $g \cdot cm^{-3}$ 表示。根据钻井液中固相含量的大小将固相分为低密度固相、高密度固相。当固相含量 $\geqslant 2.7 g \cdot cm^{-3}$ 时,钻井液为高密度固相;当固相含量 $< 2.7 g \cdot cm^{-3}$ 时,钻井液为低密度固相。通过测量计算钻井液的固相含量和膨润土含量并加以控制,就能改变和控制钻井液的许多重要性能,使之满足钻井工程的要求。

钻井液的密度、流变性质和滤失性能都与地面加入或由井下岩屑形成的固相颗粒的类型、数量及大小有关。钻井液中固相含量对钻速的影响很大,固相含量随着岩屑(含有劣质粘土)含量增加而增加,并使钻速降低,例如,当钻井液的劣质粘土含量为2%时,钻井液的钻速是3.35m/h;当钻井液的劣质粘土含量为12%时,钻井液的钻速是0.91m/h。因此必须努力把岩屑的含量降低,即除去劣质粘土提高钻速。但是,由于所使用的钻井液类型不同,岩屑(劣质粘土)的容量限度不同,所以通过控制岩屑颗粒含量与膨润土含量之比,可以改善各类钻井液的性能。对于不分散钻井液,其比值不应超过2:1;对于分散性钻井液,其比值不应超过4:1,最好是3:1。如果钻井液中岩屑含量过高,将使钻井液的粘度和切力急剧增加,并使滤饼的渗透速率增高,滤失量增大,滤饼增厚,易发生卡钻事故。此外,对钻井液固相颗粒大小的控制也是一个关键的环节,由于细固相颗粒比粗固相颗粒对机械钻速降低的影响要大,因此为了获得钻井液的胶体性质,应使细固相颗粒保持在最小需求量水平。通常的聚合物钻井液体系中,把配制合格钻井液性能所需要的膨润土细颗粒用量的一半用聚合物代替,从而获得低固相体系(低密度固相含量控制不超过6%能保证钻井液具有优良的各种性能),大大有利于提高钻进速率而又能获得足够良好的钻井液粘度、屈服值、静切力和滤失性能。一般情况下,钻井液中的膨润土、聚合物处理剂及加重材料是配制和维护所要求的,而由岩屑分散形成的固体颗粒则应该设法清除掉。

2. 钻井液中固相含量的控制方法

钻井液中固相含量的高低及固相颗粒的大小对钻井液性能有重要影响,因此必须对其严格控制。控制的方法有以下几种。

(1)沉降法。

沉降法是钻井液循环至地面时,通过一个面积较大的池子,使较大的固相颗粒(5μm 以上的固相颗粒)沉降下来的方法。在上部地层钻井时,常用此法控制固相含量。

(2)机械设备法。

机械设备法是通过机械设备(如振动筛、除砂器、离心机等)将较大的固体颗粒(5μm 以上

的固相颗粒)分离出去的方法。

(3)化学控制法。

化学控制法是指加入絮凝剂使钻井液中的固相颗粒聚集变大而有利于用沉降法或机械设备法除去的方法。此方法可除去 5μm 以下的固相颗粒,而单纯的沉降法和机械设备法则只能除去 5μm 以上的固相颗粒。

3. 钻井液絮凝剂

钻井液絮凝剂是指能使钻井液中的固相颗粒聚集变大的化学剂。

钻井液絮凝剂主要是水溶性的聚合物,如非离子型聚合物(如聚丙烯酰胺,PAM)和阴离子型聚合物(如部分水解聚丙烯酰胺,HPAM)是通过桥接—蜷曲的机理起絮凝作用,即聚合物分子可同时吸附在两个或两个以上的颗粒表面,将它们桥接起来,再通过分子链的蜷曲,使这些颗粒发生絮凝。阳离子型聚合物(丙烯酰胺、羟甲基丙烯酰胺与丙烯酰胺基亚甲基三甲基氯化铵共聚物,CPAM)除了通过上述絮凝机理起作用外,还通过电性中和机理起作用,从而有更好的絮凝效果。

虽然上述絮凝剂都有絮凝作用,但它们有各自的特点,如 PAM 是一种非选择性絮凝剂,它可絮凝劣质土(如岩屑,它的表面在水中带有较少的负电荷),也可絮凝优质土(如膨润土,它的表面在水中带有较多的负电荷),属完全絮凝剂;HPAM 则是一种选择性絮凝剂,由于它有带负电的链节($-COO^-$),所以它只能通过氢键吸附在带负电较少的劣质土上,使劣质土絮凝下来,留下优质土;对于带阳离子、非离子链节的 CPAM,由于它的酰胺基和羟甲基可通过氢键吸附在粘土的羟基表面,而其阳离子基团又可通过静电作用吸附在粘土的负电表面,所以它比 PAM 和 HPAM 有更强更快的絮凝作用。

六、钻井液润滑性与润滑剂

1. 钻井液润滑性

在钻井过程中,钻井液的存在使钻柱与井壁之间的干摩擦变为钻柱与井壁(覆盖了滤饼)之间的湿摩擦,从而使由摩擦产生的阻力(摩阻)降低。钻井液这种降低摩阻的性能,称为钻井液润滑性。钻井液的润滑性能通常包括泥饼的润滑性能和钻井液自身的润滑性能两方面,钻井液的摩擦系数是评价钻井液润滑性能的主要技术指标。摩擦系数是指在一定条件下,相对运动物体(固体)所产生的摩擦力与垂直摩擦面作用力的比值。钻井液的摩擦系数是在摩擦系数测试仪中用测试滤失量时所得的滤饼,在模拟钻柱与井壁之间的湿摩擦条件下测出的。摩擦系数越小,钻井液的润滑性越好。目前,对钻井液的润滑性能进行评价,是使空气与油处于润滑性的两个极端位置,而水基钻井液的润滑性处于其间。如用钻井液极压润滑仪测定了三种基础流体的摩擦系数:空气为 0.5,清水为 0.35,柴油为 0.07。在配制的三类钻井液中,大部分油基钻井液的摩擦系数在 0.08~0.09 之间;各种水基钻井液的摩擦系数在 0.20~0.35 之间,如加有油品或各类润滑剂,则可降到 0.10 以下。从提高钻井经济技术指标来讲,润滑性能良好的钻井液具有以下优点:

(1)减小钻具的扭矩、磨损和疲劳,延长钻头轴承的寿命;

(2)减小钻柱的摩擦阻力,缩短起下钻时间;

(3)能用较小的动力来转动钻具;

(4)能防粘卡,防止钻头泥包。

对大多数水基钻井液来说,摩擦系数维持在 0.20 左右可认为是合格的。但这个标准并不能满足水平井的要求,对水平井则要求钻井液的摩擦系数尽可能保持在 0.08～0.10 范围内,以保持较好的摩阻控制。钻井液润滑性对钻柱磨损和钻井速率的提高有重要的影响,因此,必须改善钻井液润滑性。改善钻井液润滑性的方法是在钻井液中加入润滑剂,能改善钻井液润滑性的物质称为钻井液润滑剂。

2. 钻井液润滑剂

钻井液润滑剂是指能增加钻井液润滑性的化学处理剂。钻头在工作时,以高速旋转,钻头与井壁之间的环状间隙很小,一般在 2～3mm 之间,因此钻具高速旋转产生摩擦阻力非常大,而且由于钻井液有固相,流动阻力也很大,因此,为了减小摩擦阻力,增加钻井液的润滑性,常常加入润滑剂。钻井液润滑剂有两种:液体润滑剂和固体润滑剂。

(1) 液体润滑剂。

液体润滑剂主要是油,其中包括植物油(如豆油、棉籽油、蓖麻油)、动物油(如猪油)和矿物油(如煤油、柴油和机械润滑油)。

由于油的粘度高于水的粘度,所以它在钻柱与井壁摩擦中不易从摩擦面上被挤出,因此,它可改善钻井液的润滑性。为了使油在摩擦面上形成均匀的油膜,可在钻井液中加入表面活性剂(该表面活性剂可在摩擦面上形成吸附层)。由于钻柱表面的亲水性(因有氧化膜)和井壁表面的亲水性,所以按极性相近规则吸附,加入的表面活性剂可使这些表面反转为亲油表面,从而使油能在钻柱和井壁表面形成均匀的油膜,强化了油的润滑作用。

常用的表面活性剂主要是水溶性的,如十二烷基磺酸钠、十二烷基苯磺酸钠、油酸钠、蓖麻酸钠及聚氧乙烯辛基苯酚醚等。

由于水溶性表面活性剂可用作水包油乳状液的乳化剂,因此,先将作为钻井液润滑剂的油、强化油润滑作用的表面活性剂和水一起配成水包油乳状液,再加入钻井液中使用。

在钻井液中只加入表面活性剂也有改善钻井液润滑性的作用,但其效果远比不上油与表面活性剂同时使用的效果。

(2) 固体润滑剂。

固体润滑剂主要是固体小球和石墨粉。常用的固体小球是塑料小球和玻璃小球。塑料小球可用聚酰胺(尼龙)小球和聚苯乙烯与二乙烯苯共聚物小球,它们具有耐温、抗压和化学惰性等优点,适于作各类钻井液的润滑剂。玻璃小球可用不同成分的玻璃(钠玻璃、钙玻璃)制成,具有耐温、化学惰性等优点,成本比塑料小球低,但抗压强度比塑料小球差,且易下沉。

固体润滑剂都是通过将钻柱与井壁之间的滑动摩擦变为滚动摩擦起降低摩阻的作用,不足的是固体润滑剂不能冷却钻具。

七、井壁稳定性控制与页岩抑制剂

1. 井壁的稳定性

井壁不稳定是指钻井过程中的井壁坍塌、缩径、地层压裂等三种基本类型,前二种造成井径扩大或缩小,最后一种易造成井漏。钻井过程中所钻遇的地层,如泥页岩、砂质或粉砂质泥岩、流沙、砂岩、泥质砂岩或粉砂质、砾岩、煤层、岩浆层等均可能发生井壁不稳定。井壁坍塌大多发生在泥页岩地层中,占井壁坍塌事故的 90% 以上;缩径大多发生在蒙脱石含量高,含水量大的浅层泥岩、盐膏层、含盐膏泥岩、高渗透性砂岩或粉砂岩等地层中;地层压裂可发生在任何一类地层中。井壁坍塌是最严重的事故,可能发生在各种岩性、不同粘土种类及含量的地层中;严重井壁坍塌往往发生在下列地层中:(1) 层理微裂缝发育或破碎的各种岩性地层;

(2)孔隙压力异常的泥页岩地层。(3)处于强地应力作用的地区。(4)厚度大的泥页岩地层。(5)倾角大易发生井斜的地层。

井壁不稳定的实质是力学不稳定。当井壁岩石所受的应力超过其本身的强度时就会发生井壁不稳定。主要原因可归纳为力学因素、物理化学因素、工程技术等三个方面,力学因素和工程技术引起的井壁不稳定在钻井工程中讨论。这里只讨论物理化学因素造成的井壁不稳定。

物理化学因素是指泥页岩是由水化膨胀特征各不相同的粘土与非粘土矿物组成的不均体,由于各种矿物产生的水化应力不同,滤液侵入地层后会在地层内形成内力,影响井壁稳定。当钻进页岩、泥岩和粘土岩等类地层时,如在井壁上未形成有效的封隔层,钻井液就会渗入地层,即便渗入极少量的滤液也会导致近井地带孔隙压力增大,从而导致井壁不稳定。为了控制滤液对泥页岩的侵蚀,一般加入页岩抑制剂。

2. 页岩抑制剂

页岩是沉积岩,主要是由粘土和淤泥形成的岩层。在钻井过程中钻井滤液进入页岩地层会引起页岩水化膨胀造成缩径、坍塌或页岩分散使井径扩大等井壁不稳定现象。当在页岩钻井时,要维持井壁的稳定必须加入页岩抑制剂。页岩抑制剂又称为防塌剂,用于抑制页岩中所含粘土矿物的水化、膨胀、分散,防止井壁不稳定。

常用的页岩抑制剂有无机盐(如石膏、硅酸盐、石灰)、高分子化合物(如酚醛树脂)以及改性沥青等,其作用机理各不相同。

(1)无机盐的作用:无机盐中的阳离子进入粘土层间增加层间的引力,层间距离减小,使钻井滤液不容易进入粘土层间;减小粘土表面的水化;压缩粘土表面的双电层。

(2)高分子化合物的作用:吸附在井壁上形成吸附膜增加井壁石岩强度;高分子上的水化基团阻止水向地层渗入,控制页岩的水化膨胀。

(3)改性沥青的作用:吸附在页岩表面堵住地层孔隙,减少滤液进入地层;在页岩表面形成憎水油膜,使滤液不能渗入地层。

例如,硅酸钠(Na_2SiO_3)是常用的页岩抑制剂,其作用为:

(1)硅酸钠吸附在井壁上形成一定强度的薄膜,阻止钻井滤液向地层渗透。

(2)硅酸钠在水中水解形成胶状物质堵住地层孔隙减少滤液进入地层。

(3)硅酸钠与Ca^{2+}、Mg^{2+}形成沉淀堵住地层孔隙减少滤液进入地层。

八、钻井液的漏失与堵漏剂

钻井液的漏失是指钻井过程中,钻井液大量流入地层的现象,钻井液的漏失分为漏失和井漏。

漏失又分为渗透性漏失、裂缝性漏失和溶洞漏失。渗透性漏失的特征:钻井液漏失量较小,漏失速率慢(每小时钻井液漏失几立方米至十几立方米),发生这种漏失时,泵压有所下降,钻井液池液面明显下降。裂缝性漏失又分天然裂缝性漏失与人为裂缝性漏失,裂缝性漏失速率视裂缝大小而异(每小时钻井液漏失十几立方米至几百立方米),漏失较慢的尚可维持循环,漏失较快的则钻井液有进无出,钻井液池液面急剧下降。溶洞漏失是指钻井中遇溶洞时有跳钻和钻具放空现象,接着是循环失灵,大量漏失且漏速很快(每小时漏失 $100m^3$ 以上)。漏失的原因:天然地质条件形成的漏失,如钻遇疏松而渗透性良好的砂岩和砂砾岩,因地层孔隙大,胶结性差,渗透率高,易发生渗透性漏失;若钻遇地层的裂缝、断层或构造力造成的破碎带,以及碳酸盐地层的溶洞、裂缝等将发生裂缝性漏失或溶洞漏失。防止漏失的最好方法是加入堵漏剂。

井漏是由于钻井液的液柱压力大于地层压力而造成钻井液漏失。地层井漏的原因：钻井液性能不合适造成井漏，如密度太高，粘度、切力太大，沉砂困难，造成液柱压力过大，引起井漏；钻井工艺不当引起井漏，下钻速率太快或下钻后开泵过猛，易产生压力突变将地层压裂造成井漏。防止井漏就必须调整适当的钻井液密度，使钻井液的液柱压力与地层压力平衡。

堵漏剂是指封堵漏失地层的材料。对不同情况的漏失地层所用的堵漏剂也不相同。对渗透性地层使用的堵漏剂是硅凝胶（硅酸盐溶胶在胶凝剂的作用下凝结成硅凝胶封堵渗透性地层）和铬冻胶（含铬的高分子溶液在胶凝剂的作用下凝结成铬冻胶封堵渗透性地层）。对裂缝性地层和溶洞性地层使用的堵漏剂是纤维性材料（石棉、棉绒）和颗粒性材料（花生壳、玉米芯、粘土、石灰岩）。

习 题 三

1. 钻井液在钻井中是怎么工作的？钻井液在钻井中有哪些功能？
2. 钻井液由哪些物质组成？钻井液处理剂有哪些？
3. 什么叫钻井液滤失性？降滤失剂怎么降低滤失性？
4. 钻井液的 pH 值控制在什么范围？怎么调节钻井液的 pH 值？
5. 钻井液的流变性与粘度的关系是什么？粘度过大或过小对钻井液有何影响？
6. 钻井液的密度是 $1.3g \cdot cm^{-3}$，将钻井液的密度调整到 $1.9g \cdot cm^{-3}$，每立方米钻井液需要加多少千克重晶石（已知重晶石的密度是 $4.2g \cdot cm^{-3}$）？
7. 钻井液漏失的类型有哪些？其漏失的原因是什么？怎么防止钻井液漏失？
8. 钻井液润滑性是什么？钻井液润滑剂有哪些类型？其润滑作用是什么？
9. 作为钻井液絮凝剂的水溶性聚合物的絮凝机理是什么？
10. 钻井液中固相含量高低对钻井液性能有何影响？固相含量的控制方法有哪些？

第四章 水泥浆化学

第一节 水泥浆的作用与组成

一、固井与水泥浆

在钻井过程中,对井壁加固的作业称为固井。固井的质量好坏直接影响继续钻进,以及后续的完井、采油、修井等各项作业的质量。固井是钻井过程以及钻井结束后必不可少的作业,该作业是由套管向井壁与套管的环空注入水泥浆并让它上返至一定高度,水泥浆随后变成水泥石将井壁与套管固结起来。因此,固井作业分为两个部分:下套管和注水泥,水泥浆是固井中使用的工作液。

1. 套管

在钻井过程中,常遇到各种井下复杂情况(如井塌、井喷等),这会影响钻井,而钻井结束后要保证油井能开采,必须下套管固井。根据地层情况、钻井技术要求、油气开采要求等必须下套管,尤其对深井或超深井采用单一套管是不能满足钻井需要的,往往要下几层套管。根据套管下入的位置和作用不同将套管分为三种(如图4-1所示):表层套管、技术套管(中间套管)、油层套管(生产套管)。

(1)表层套管:用于封隔地表部分的易塌、易漏地层和水层。表层套管是套管的起点,并支撑技术套管和油层套管的部分重力。表层套管的深度随情况不同深浅不一,一般为50~300m。

(2)技术套管:下在表层套管里的套管,根据地层情况和钻井技术要求,可下一至数层。用于封隔高压地层、无法堵塞的严重漏失层、易塌层、易膨胀层以及要求钻井液密度调整差距较大的油气水层。

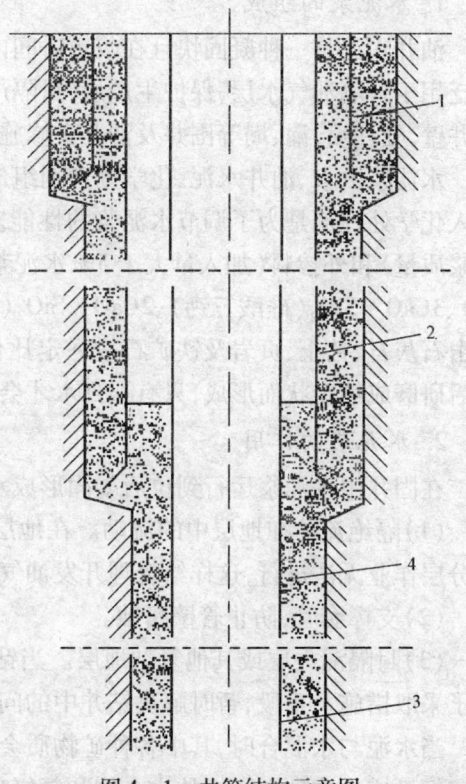

图4-1 井筒结构示意图
1—表层套管;2—技术套管;
3—油层套管;4—水泥浆

(3)油层套管:下到井里的最后一层套管,是油气从地下被采到地面的生产通道,又称为生产套管。其作用是把不同压力和不同性质的油气水层分割开来,建立一条油气流至地面的通道,并诱导和控制油气流,保证长期生产。油层套管能满足合理开采油气和增产措施的要求。

2. 固井与水泥浆

固井是用水泥浆将套管与井壁固结起来的作业。水泥浆是起到把套管与井壁固结起来的粘合剂,水泥浆从套管内注入,然后上返到环形空间而封固套管。水泥浆在表面套管与井壁的环形空间中充满(要求水泥浆返高至地面),而技术套管要求水泥浆返至上层套管内,油层套管要求水泥浆返至最上部油气层以上150m左右。固井可达到下列目的:

(1)固定和保护套管。钻井过程中所下的套管,都必须通过固井作业将它固定起来。此外,套管外的水泥石可减小地层对套管的挤压,起保护套管的作用。

(2)保护高压油气层。当钻井到高压油气层时,易发生井喷事故,要提高钻井液密度以平衡地层压力,钻完高压油气层后,必须下套管固井,将高压油气层保护起来。

(3)封隔严重漏失层和其他复杂层。当钻井到严重漏失层时,可采取降低钻井液密度或加堵漏材料的方法钻井,钻完严重漏失层后,也必须下套管固井,将它封隔起来,使它不影响后面的钻井。当钻井到其他复杂层(如易坍塌地层)时,也应在钻完该层后下套管固井。

二、水泥浆的组成与作用

1. 水泥浆的组成

油井水泥是一种凝固快且在较短时间内便有相当高机械强度的特种水泥,属硅酸盐水泥。广泛用于封隔油气水层,保护生产层,封隔严重漏失层或其他复杂地层,支撑和保护套管及封隔井壁,处理喷、漏、塌等围井及油井大修施工。

水泥浆由水、油井水泥、化学处理剂组成,油井水泥是最重要、最主要的成分。在水泥浆中加入化学处理剂是为了调节水泥浆的性能。化学处理剂又分为外加剂(加量小于等于5%水泥浆质量)和外掺料(加入量大于5%水泥浆质量)。水泥的主要成分是$3CaO \cdot Al_2O_3$(铝酸三钙)、$3CaO \cdot SiO_2$(硅酸三钙)、$2CaO \cdot SiO_2$(硅酸二钙)、$3CaO \cdot Al_2O_3 \cdot Fe_2O_3$(铁铝酸钙)。水泥由石灰石、粘土、页岩及铁矿石按一定比例混合,在1400~1600℃高温下煅烧成熟,迅速冷却后研磨成细粉状而形成,只有遇到水才会逐渐凝固形成一定强度的水泥石。

2. 水泥浆的作用

在固井中水泥浆运行到位后凝固形成水泥石有以下作用:

(1)隔绝流体在地层中的流动。在地层中有许多油气层,如果不隔绝,油气会互相串通,使分层作业无法进行,这样给合理开发油气带来困难。

(2)支撑套管,防止管壁腐蚀。

(3)封隔漏失层或其他复杂地层。当钻到漏失层及复杂地层(如易坍塌层、疏松层等)时,除了采取措施及手段,暂时解决钻井中的问题,钻后还必须及时下套管封堵(固井)。

当水泥与水混合时,其中各种矿物质会分别与水发生作用,同时进行水解和水化反应。硅酸三钙反应生成硅酸二钙的水合物和氢氧化钙,铁铝酸钙反应可得铝酸三钙水合物和钙铁氧化物的水合物,硅酸二钙和铝酸三钙各自水合。全过程的反应较为复杂。水泥浆从液态凝聚硬化成固体可分为三个阶段:胶溶期、凝结期和硬化期。胶溶期是指水泥遇水在颗粒表面发生水化反应后,部分水化产物在饱和状态下以胶态粒子或小晶体析出,形成胶溶体系。凝结期中,水化过程由表面向深处发展,胶态粒子增大,晶体开始互相连接,逐渐絮凝形成凝胶结构,水泥浆失去流动性。硬化期的水化过程继续深入,胶体紧密连接,结构强度明显增加,逐渐硬化成微晶结构的水泥石固体。

3. 油井水泥的分类

我国油井水泥早期按冷井和热井分类，由于钻井深度越来越高，逐步开始按温度分类，油井水泥可分为45℃、75℃、95℃和120℃等四个级别。油井水泥属于硅酸盐水泥（又称为波特兰水泥），美国API（美国石油学会）根据应用性能将其分为5个级别，我国参照美国API对油井水泥的分类以及国内的实际情况，在2008年3月实施的最新标准中将API油井水泥分为8个级别：A级、B级、C级、D级、E级、F级、G级、H级。此外，还有微细油井水泥、G级抗高温油井水泥、快凝早强油井水泥。

A级适用于无特殊要求的浅层固井作业，配制的水泥浆体系也较为简单，一般与水按要求的比例混合即可，大庆、吉林、辽河油田用量较大。B级具有抗硫酸盐的作用，适用于需抗硫酸盐的浅层固井作业，国内很少使用。C级具有低密高强的特点，适用于配置低密度水泥浆封固浅层油气层，由于固井设计的缘故几乎没有使用。D级、E级和F级又称为缓凝油井水泥，D级的生产工艺复杂、成本高，加上有其他级别的油井水泥替代现使用量逐渐下降，目前，我国还没有使用E级和F级油井水泥。G级、H级油井水泥又称为基本油井水泥，具有抗硫酸盐性能，加入化学处理剂可以适用于大多数固井作业，这两类油井水泥是我国用量最大的油井水泥。

微细油井水泥的粒子平均直径为3～6μm，其特点是能够渗透到API油井水泥不能到达的区域，可用于挤水泥、消除砾石层出水、修复套管泄漏区、封堵地层出水通道以及小间隙固井。G级抗高温油井水泥是G级抗高温水泥与硅粉按一定比例混合的产品，用于井底温度大于110℃的深井、温度过高的蒸汽注入井以及蒸汽采油井的固井。快凝早强油井水泥适用于低温地层的固井。

三、化学处理剂的分类

根据API（美国石油学会）和IADC（国际钻井承包商）对水泥化学处理剂的分类方法，将水泥化学处理剂分为12类：密度降低剂、促凝剂和盐、分散剂、缓凝剂、降失水剂、防气窜剂、膨胀剂、加重剂、防高温强度退化剂、消泡剂、自由水控制和悬浮剂、防漏剂。我国将水泥化学处理剂分为10个类型：促凝剂、缓凝剂、消泡剂、减阻剂（分散剂）、降滤失剂、防气窜剂、增强剂、减轻外掺料（减轻剂）、防漏外掺料（防漏剂）、加重外掺料（加重剂）。

第二节 水泥外加剂

水泥外加剂是指能按要求改变水泥浆性能而掺量不大于水泥质量5%的化学剂。

由于井段地层的复杂性，固井工艺中使用单一的水泥浆已无法满足需要，必须在其中加入各种外加剂来控制、调整水泥浆的性能，以满足各种类型和复杂地层的井眼的固井要求。

水泥外加剂可以按用途分为三大类：调节水泥浆性能的外加剂，包括稠化时间、密度、流变性、失水、堵漏和触变性；调节水泥石性能的外加剂，包括抗压强度、防止强度衰退和膨胀性；改变水泥浆容积，提高造浆率的外加剂。

常用的外加剂有分散剂、促凝剂、缓凝剂、降失水剂、加重剂、减阻剂等。

一、改变水泥浆稠化时间的调整剂

当水与水泥混合后便开始发生水化反应，在水化过程中水泥浆逐渐变稠，这就是水泥浆稠化。如果稠化严重,水泥浆不能输送到固井的地层,因此,要使水泥浆稠化时间比施工时间(即从配浆到水泥浆注入井底并上返到预定高度的时间)长,必须控制施工时间。施工时间以固井的深度而定,如固浅层、表层套管及高寒地区的固井,施工时间短,要求尽量缩短水泥浆稠化时间,而固深井则需要延长水泥浆稠化时间,所以必须加入促凝剂或缓凝剂。

1. 水泥促凝剂

能加速水泥水化反应(稠化)、缩短水化反应时间、提高水泥早期强度的外加剂称作促凝剂或速凝剂。在国外,促凝剂和盐(Accelerators and salts)共有7种,主要是无机盐:氯化钠、氯化钙、氧化钾、氯化铵、硅酸钠、石膏等。我国对此类产品研究得较多,取得了较好效果,除了采用与国外相同的无机盐外,还有有机物:甲酰胺、三乙醇胺、草酸铵等。为了克服含氯的促凝剂引起水泥石高温强度下降的弱点,满足提高浅的热采井与调整井的固井质量的要求,研究成功了无氯的促凝剂、促凝早强剂等。

例如,在水泥浆中加入2%~4% $CaCl_2$(氯化钙),低温地层中水泥浆稠化时间从150min缩短到60min。因为$CaCl_2$能改变硅酸钙的凝结结构,使水分子的渗透性增强,缩短水化时间,对胶粒有破坏作用,使胶粒间易于聚结、凝聚。不过,$CaCl_2$的加量不宜超过6%,否则会引起水泥浆的瞬凝。

2. 水泥缓凝剂

水泥缓凝剂是指能延缓水泥浆稠化时间的外加剂。对于深井或地温高的井需延缓水泥浆稠化时间,需要加入缓凝剂。水泥缓凝剂分子吸附在水化物颗粒表面上,阻止水泥颗粒进一步与水反应;缓凝剂分子与Ca^{2+}生成配合物,阻止氢氧化钙的生成,推迟了结晶成核时间,水化反应时间延长。

常用的缓凝剂有:(1)硼酸及其盐,这是一种高温缓凝剂(温度可高达200℃左右),用于深井及高温井的固井。(2)酒石酸,这也是一种高温缓凝剂(温度可高达200℃左右),能改善水泥浆的流动性能,对水泥石强度没有明显影响,用于深井及高温井的固井。(3)氧化锌及锌盐,这是一种中等温度的缓凝剂,用于中深井的固井。(4)木质素磺酸盐,是一种最常用的低温缓凝剂,多用于浅井的固井,可用于95℃以下井温。

二、改变水泥浆流变性的分散剂

水泥浆的流变性能决定水泥浆的质量,要求水泥浆具有较好的流变性能。分散剂就是能改善水泥浆的流变性能的外加剂,使其在不太高的流速下降低水泥浆的视粘度,以紊流的流动状态较好地顶替泥浆。分散剂又称为减阻剂。

分散剂不与水泥发生化学反应,不提高水泥石的强度,只是使水泥的水化过程及水泥石内部结构发生变化,因而明显影响水泥石的物理力学性能。分散剂的作用机理与钻井液中降粘剂的作用机理相似,分散剂分子定向吸附在水泥颗粒表面,形成的吸附层使水泥颗粒表面带有相同符号的电荷,并形成一层稳定的溶剂化水层,使水泥颗粒间排斥力增加,在静电斥力和水化膜的阻碍作用下使水泥浆体系处于较为稳定的悬浮状态,并使水泥浆在初期形成的絮状结构分散解体,絮状体内的游离水被释放出来,从而改善水泥浆的流动性能。

油井水泥分散剂分为通用型、饱和盐水型和抗沉降型三类。按其化学组分可归纳为以下几类:木质素磺酸盐及其衍生物、磺化醛酮缩合物、水溶性树脂、磺化乙烯基类聚合物及其衍生物、柠檬酸类、AMPS(2-丙烯酰胺-2-甲基丙烷磺酸)聚合物类。

三、水泥降滤失剂

水泥降滤失剂是能降低水泥浆滤失量的外加剂。水泥浆注入井下后会出现失水和滤失的现象,失水过多会引起水泥瞬凝,流动速率减慢。若在页岩地层失水会使地层膨胀,套管与地层之间环空减小。另外,还会与地层水生成硫酸盐沉淀物,污染油气层。因此要控制水泥浆的失水量。

1. 降滤失剂的作用原理

降滤失剂吸附于水泥颗粒表面,使表面有一层溶剂化水层,增大水泥浆的粘度,阻止水泥浆中的自由水析出和水泥颗粒聚结,使粘土颗粒分布均匀、合理;通过颗粒在高分子链上的桥接作用,形成布满整个体系的混合结构网,使水泥浆保持适当的分散性,在井壁形成薄而致密的滤饼,增大继续滤失的阻力。由于有一定的分散作用,降滤失剂还可以起缓凝的作用。

2. 常用降滤失剂

水泥降滤失剂有两大类:颗粒材料,如膨润土、石灰石粉、沥青质材料、树脂等;水溶性高分子,如纤维素类、合成高分子类(聚丙烯酰胺类衍生物和聚乙烯吡咯烷酮)等。

例如,将有机粘土与煤油或柴油混合,加表面活性剂,再加至少一种颗粒状的亲水高分子,如纤维素类或 PAM 与 AMPS 的水解共聚物等,可得聚合物颗粒降滤失剂。花生壳细粉类纤维素和木质素材料也可用作水泥浆降滤失剂,这类降滤失剂不损害产层,不降低水泥浆的流动性,可使水泥石的抗压强度有所提高。

第三节 水泥外掺料

水泥外掺料是在水泥浆中加入超过水泥质量5%的惰性材料。主要有减轻外掺料(减轻剂)、加重外掺料(加重剂)和防漏外掺料(防漏剂)。

水泥浆的密度与所固地层段的地层压力要相适应,否则会发生各种井下复杂情况。例如,对于油气层,水泥浆的密度过高,会污染油气;密度过低,会造成井涌等事故。因此,需要对水泥浆的密度进行调整。

1. 水泥减轻外掺料(减轻剂)

水泥减轻外掺料是指能降低水泥浆密度的外掺料,又称减轻剂。在低压油气层或易漏地层的固井作业、技术套管注水泥固井作业中,需加入降低密度的外掺料。

常用的水泥减轻外掺料有膨润土、硬沥青、无水硅酸钠、膨胀珍珠岩、火山灰和粉煤灰等,可以配制低密度($1.20 \sim 1.60 \text{g} \cdot \text{cm}^{-3}$)水泥浆。如粉煤灰(粉煤燃烧后的空心颗粒,主要成分为 SiO_2)的密度是 $2.1 \text{g} \cdot \text{cm}^{-3}$,配制的水泥浆密度在 $1.1 \sim 1.3 \text{g} \cdot \text{cm}^{-3}$ 之间。

2. 水泥加重外掺料

水泥加重外掺料(加重剂)是指能提高水泥浆密度的外掺料。在超高压气井、调整井钻井、小间隙固井、挤水泥及堵漏固井中需用加重外掺料配制高密度水泥浆。

常用的水泥加重外掺料有重晶石、赤铁矿、石英砂、碳酸钙等。如重晶石可配成密度为 $2.4 \text{g} \cdot \text{cm}^{-3}$ 的水泥浆;赤铁矿也可配成密度为 $2.4 \text{g} \cdot \text{cm}^{-3}$ 的水泥浆;石英砂需水量小,较细的砂会影响流动度,提高水灰比,可配得密度为 $2.16 \text{g} \cdot \text{cm}^{-3}$ 的水泥浆。

习 题 四

1. 套管分为几种？其作用是什么？
2. 水泥浆由什么组成？在固井中水泥浆的作用是什么？
3. 油井水泥由什么组成？油井水泥有哪些类型？其作用是什么？
4. 水泥浆的化学处理剂组成分为哪些类型？
5. 什么是水泥浆稠化时间？为什么要调整泥浆稠化时间？怎么调整？
6. 水泥浆的密度是 $1.7\text{g}\cdot\text{cm}^{-3}$，要将水泥浆的密度调整到 $1.9\text{g}\cdot\text{cm}^{-3}$，每立方米水泥浆需要加多少千克石英砂(已知：石英砂的密度是 $2.4\text{g}\cdot\text{cm}^{-3}$)？

第五章 完井液化学

第一节 完井液与油气层保护

一、完井液与油气层损害

1. 完井液

新井从钻开油气层至正式投产前由于各种作业需要而用于井眼的流体称为完井液,也就是钻开油气层、射孔、试油、防砂及各种增产措施中用于油气层的流体均为完井液。由于完井液与油气层直接接触,可能进入油气层,而多数油气层对外来流体敏感,易受到损害,这样会导致油气开采量下降。为了减少对油气层的污染,要求完井液具有优良的性能。

2. 油气层损害

油气层损害就是储层孔隙结构变化导致渗透率下降,使油气渗出能力下降,开采量降低。渗透率下降包括绝对渗透率的下降(即渗流空间的改变,孔隙结构变差)和相对渗透率的下降。油层受到损害主要是油层原有的物理性质发生了变化,特别重要的因素是油层渗透率的改变。油层渗透率发生变化的主要原因有两个,第一是打开油气层直到油井投产期间用来完井及修井的各种流体侵入了油层通道,第二个原因是生产过程中储层中的流体流向井筒经过油层通道。外来固相侵入、水敏性损害、酸敏性损害、碱敏性损害、微粒运移、结垢、细菌堵塞和应力敏感损害等都能改变油气层的渗流空间,引起相对渗透率下降。油气层损害主要发生在井筒附近区,因为该区是工作液与油气层直接接触带,也是温度、压力、流体流速剧烈变化带,而增产改造、开发中的损害可以发生在井筒的任何部位。由于各种作业环节对油气层都存在或多或少的损害,根据损害原因将油气层损害分为三种类型:固体物堵塞、外来流体侵入、气体侵入。

(1)固体物堵塞引起的油气层损害。

由于钻井液固相、完井液固相、注入流体固相颗粒以及钻井、射孔等作业产生的岩粉挤入油气储层使孔隙堵塞,导致渗透率下降。此外,油层所含细粒(如粘土、云母和其他矿物等)分散和运移,造成堵塞,也导致渗透率下降。

(2)外来流体侵入损害油气层。

由于外来流体与岩石、外来流体与地层流体发生化学作用产生沉淀造成堵塞,导致渗透率下降;外来流体在地层孔隙内发生润湿反转作用,降低油气层的渗透率;外来流体使油气层中的粘土膨胀,堵塞孔隙,降低渗透率。

(3)气体侵入损害油气层。

由于注入井内各种液体(钻井液、完井液等)会带入一定量的空气,空气中的某些组分与油气层发生作用产生颗粒堵塞孔隙,降低渗透率;气体还会在原油中形成泡沫引起"贾敏效应",使原油的流动阻力增加。例如,二氧化碳溶于沥青基原油引起沥青沉淀,引起油井结垢;二氧化碳溶于水中使岩层中的碳酸钙溶解,破坏砂层胶结物产生砂化堵塞地层,降低渗透率。

二、油气层的保护

油气层的保护是石油勘探开发过程中的重要技术措施之一,其好坏直接关系到石油天然气勘探、开发的效果。

1. 保护油气层的重要性

在勘探过程中,保护油气层工作的好坏直接关系到能否及时发现新的油气层、油气田和对储量的正确评价;保护油气层有利于油气井产量及油气田开发经济效益的提高;油气田开发生产各项作业中,保护油气层有利于油气井的长期稳产高产。保护油气层的效果对比见表5-1。

表5-1 保护油气层的效果对比(某单井)

	不保护油气层	保护油气层	对比
钻井费用	60万元	60万元	0
完井费用	50万元	60万元	+10万元
研究费用	10万元	20万元	+10万元
单井产量	$19.9t \cdot d^{-1}$	$24.8t \cdot d^{-1}$	$+4.9t \cdot d^{-1}$
生产5年累计产量	25320t	31650t	+6330t
生产5年纯利润	1798万元	2256万元	+458万元

2. 保护油气层的方法

为了消除各种作业过程中对油气层的损害,首先在防止或减轻油气层损害方面尽量做到:(1)减少外来物的侵入。控制压差,在不发生井喷的前提下,尽可能降低外来压力;缩短浸泡油层时间;控制工作液的滤失量。(2)选用与油层相匹配的工作液。工作液物理性能必须满足工程作业要求;液相中的溶质必须与油层中的各组分匹配;固相含量一般不超过$2mg \cdot L^{-1}$,粒径不超过$2\mu m$。

当已经发生油气层孔隙结构变化导致的渗透率下降时,必须采用化学解堵的方法。

(1)吸附型垢的处理:用磷酸类的除垢剂除去由于吸附产生的垢。但用磷酸作除垢剂时,由于和地层离子(如砂岩地层的离子主要来源于泥岩、赤铁矿、菱铁矿、铁白云石和硫化铁)作用会造成新的损害,可用与盐酸互溶的溶剂或水润湿性表面活性剂处理。

(2)砂岩地层中滤饼的处理:用土酸(HCl与HF的混合酸)处理滤饼,但会产生铝氟化合物沉淀引起新的油气层损害,这类沉淀可用盐酸除去。

(3)清除水锁时产生的地层损害:水锁是指在钻井、完井、修井及开采作业过程中的工作液在油气层的孔隙中滞留的现象。产生水锁会损害油气层的渗透率,使油气两相的渗流速度都明显降低。处理水锁最常用的方法是加入表面活性剂和互溶剂来减小表面张力,例如,加入新型互溶剂可以处理致密碳酸盐岩地层的水锁问题。

第二节 完井液的组成及作用

完井液是专门配制的,与钻井液的分类方法一样,按介质不同可分为三大类:水基型、油基型和气体型完井流体。现分别讨论这三类完井液的组成和作用。

一、水基型完井液

水基型完井液是以水为分散介质的分散体系,是国内外目前应用最广泛的一大类体系。

常用的有以下三种。

1. 无固相盐水完井液

这是由清水和一种或几种无机盐配成的盐水基液,其密度由盐的浓度和各种盐的比例确定,一般密度范围为 $1.00 \sim 2.30 \text{g} \cdot \text{cm}^{-3}$,然后加入适量的增粘剂、降滤失剂、pH 值调节剂、缓蚀剂等。所用的增粘剂、降滤失剂也必须具备抗盐、抗温的能力,常用的是羟乙基纤维素(HEC)、黄原胶(XC)等,它们均可在盐水中增稠,热稳定性约在 $120 \sim 135$℃,加特殊添加剂可将热稳定温度提高到 150℃。

常用的盐有氯化钠、氯化钾、氯化钙、溴化钙和溴化锌等。氯化钠盐水液是最常用的盐水完井液,密度范围是 $1.003 \sim 1.20 \text{g} \cdot \text{cm}^{-3}$,为防止地层粘土的水化,在配制过程中一般加 1%~3% 的氯化钾。氯化钾盐水完井液的密度范围是 $1.003 \sim 1.17 \text{g} \cdot \text{cm}^{-3}$,用于对付水敏性地层。氯化钙盐水完井液的密度范围是 $1.008 \sim 1.39 \text{g} \cdot \text{cm}^{-3}$。井眼要求工作密度为 $1.40 \sim 1.80 \text{g} \cdot \text{cm}^{-3}$ 时,可用氯化钙/溴化钙盐水液,可分别以密度为 $1.38 \text{g} \cdot \text{cm}^{-3}$ 的氯化钙和密度为 $1.82 \text{g} \cdot \text{cm}^{-3}$ 的溴化钙溶液为基液来调整体系密度。对于高温高压井,可用氯化钙、溴化钙和溴化锌盐水液配制 $2.31 \text{g} \cdot \text{cm}^{-3}$ 的盐水完井液。

无固相盐水完井液的优点是不含固相,不会把外来固相引入地层而损害渗透率;可减少储层粘土矿物水化膨胀;保护储层原有渗透性。此外,该种完井液通过调整密度还可用于异常高压层。但是,盐水完井液也存在一些缺点:滤失量高,易漏失,悬浮能力差,需要较好的盐水过滤系统,需解决防垢、防结晶、防腐等问题。因此,高密度盐水的使用需一系列配套技术与设备。

2. 无粘土低固相暂堵型完井液

无粘土低固相暂堵型完井液主要由盐水、桥堵剂及增粘剂组成。桥堵剂有三种:第一种是酸溶性的,如石灰粉、碳酸铁粉和氧化铁;第二种是油溶性的,如油溶性树脂;第三种是水溶性的,如各种盐粒。这类完井液的特点是从"抑制"和"暂堵"两个方面来减少对储层的损害。桥堵剂可以在作业期间起暂堵降滤失的作用。作业后桥堵剂又被溶解掉,不会形成对储层孔道的堵塞,基本可以做到对储层无损害,渗透率可恢复 90%~100%。用油溶性暂堵剂配制的液体常用于射孔液,这种完井液在使用时,必须选择与储层孔喉大小相匹配的暂堵粒子大小,以免引起对储层的损害。例如,最常用的组合是碳酸钙与羟乙基纤维素形成的非触变性聚合物完井液。

3. 聚合物类完井液

聚合物类完井液可分成以下几种:

(1) 聚合物加表面活性剂的完井液,其主要由起增粘、降失水作用的聚合物(如羧甲基纤维素等)加上苏发努尔(烷基苯磺酸钠为主的化学剂)或者非离子型表面活性剂形成,有时还加入盐及一些固相(如白土或熟石灰)。由于表面活性剂的加入,使得液体进入储层后易于反排。所以这类完井液常用于气层或含水饱和度高和易水锁的油层。

(2) 阳离子聚合物完井液,其主要由阳离子聚合物作包被絮凝剂、低分子阳离子有机化合物作泥页岩抑制剂,并加入降滤失剂、增粘剂、封堵剂等处理剂组成的。世界上大多数的砂岩油层含有易膨胀粘土矿物,针对这些油层选用的阳离子聚合物完井液可有效地抑制粘土膨胀,减小对油层的损害。

(3) 正电胶(MMH)完井液,其主要由正电胶(MMH)、滤失控制剂和桥堵剂组成。MMH

是一种新型的层状无机化合物,由氢氧离子围绕两种或更多种金属离子组成,它是带有多个正电荷的超细粒晶胶体。可用于不同渗透性、不同岩性和不同孔隙类型的油气层,特别适用于具有水敏性、易坍塌和易漏失的地层。该完井液体系结合暂堵技术使用,保护油气层的效果更好。

二、油基型完井液

油基型完井液的优点是热稳定性好,密度调节范围大,对油气层中泥页岩抑制性好,滤失量小,能较好地保护油气层原有的渗透性。此外,这类完井液还能抗各种盐类污染,防止 H_2S 及 CO_2 对工具的腐蚀作用。广泛用于钻开油层、扩眼、射孔和修井等作业中,也可用作低压油层的砾石充填液。其基本组成和应用规律与油基型钻井液基本相同。油基型完井液可分为两种:

(1)纯油基完井液,是一种不含水相或含水量低于5%的油基型钻井液,其主要由0号柴油、氧化沥青、有机土、油酸、氧化钙粉和青石粉组成。常用于低渗、低孔、强水敏性的砂岩储层取心和完井,对于储层情况很清楚的油层或异常低压层可用原油或柴油等作射孔液、压井液。

(2)油包水型或水包油型胶束溶液完井液,其主要由15%~30%的盐水(盐水常为10%~15%的 $CaCl_2$)、柴油、有机土、油酸、乳化剂和氧化钙粉组成。具有很低的油水表面张力,这种射孔液与压井液在无限制地与烃类混合时能自发地吸收大量水。除具有高表面活性和强洗油能力外,还能增溶占自身体积20%的水,在80℃以内,这种溶液处于热稳定状态。使用胶束溶液射孔、压井可获得很好的效果。这种完井液常用于低渗、低孔、强水敏性砂岩储层的完井。

三、气体型完井流体

气体型完井流体是含有人为充入气体的一类完井流体。该类完井流体适用于低压裂缝油气田、稠油油田、低压强水敏性油气层、低压低渗油气层、易发生严重漏失的油气层和能量枯竭油气层。这类完井流体的特点是密度低、失水量小、不发生漏失和保护油气层的效果好。

(1)气体完井流体,其主要由气体(空气或天然气)、防腐剂、干燥剂组成。用于钻漏失层、敏感地层、溶洞性低压层和低压产层。具有钻速快、钻时短和钻进成本低等特点。地面注入压力为 0.7~1.4MPa,环空流速为 $762~914m \cdot min^{-1}$ 时能有效钻进。

(2)雾化完井流体,它是由空气、起泡剂、防腐剂和少量水混合组成的循环流体,空气是连续相,水相是非连续相。雾化完井流体是气体完井流体的一种过渡性工艺,所以,其除具有空气完井流体的所有优点外,还克服了空气完井流体在产水地层不能使用的缺点。雾化完井流体需要空气量比气体完井流体多30%~40%,这要求有更大的空压设备,地面注入压力一般高于 2.5MPa,环空流速要达到 $914m \cdot min^{-1}$ 以上。

(3)充气完井液,它是将气体在井口充入液体中,形成以气体为分散相、液体为连续相的分散体系,通过使用稳定剂使气体可以比较稳定地均匀分散在液体中,而形成稳定的充气完井液。液体与空气的配比一般为10:1。充气完井液的密度最低可达 $0.5g \cdot cm^{-3}$。钻进时,地面正常工作压力为 3.5~8MPa,环空速率要达到 $50~500m \cdot min^{-1}$。充气完井液主要适用于将技术套管下到油气层顶部的低压油气层和稠油油层。

(4)泡沫完井流体,主要由气相(空气、氮气、二氧化碳或天然气)、液相(水、醇类、无机或有机酸类)、发泡剂(起泡剂)和稳泡剂等组成,其中液相可以为淡水或盐水,发泡剂为表面活性剂(磺酸盐型、硫酸酯盐型、平平加型或 OP 型等),稳泡剂一般为聚合物添加剂。泡沫是密集细小气泡分散在液相中的一种气液分散体系,其中液相为连续相,气相为分散相。泡沫完井流体是使用最成功和应用效果最好的一种气体型完井流体。在地面工作压力为 1.5~3.5MPa 条件下，保持 15~60m·min^{-1} 的环空返速，即可保持井眼的净化。

习 题 五

1. 什么是油气层损害？油气层损害有哪些？产生的原因是什么？
2. 为什么要保护油气层？保护油气层的方法有哪些？
3. 什么是完井液？完井液有哪些类型？其组成及作用是什么？

第六章 油水井的化学改造

我国油田大多数是注水开发的,因此存在油井和注水井。在开发的过程中各个油层的性质(如渗透性、岩层性质、油的含蜡量等)不同,使油井、注水井存在许多影响原油采收率的问题,例如油井出水、出砂、结蜡,注水井也有出砂、注入剖面不均等问题。解决这些问题的方法是用化学的原理和方法,这就是油水井的化学改造,这是一项非常重要的增产、增注措施。

第一节 注水井调剖法

由于地层的非均质性,对水的渗透率不一样,渗透率高的地层吸收大部分注入水(80%~90%),使吸水剖面很不均匀,甚至注入水会沿高渗透层突进,造成油井出水,严重时会发生油井水淹。而且高渗透率地层由于受到水的冲刷,其渗透率会变得更高,这样会使地层的非均质性进一步扩大,吸水剖面不均匀更严重。因此,必需封堵某些高渗透层,使低渗透层的吸水能力相应提高,不吸水的地层开始吸水,改善注水井的吸水剖面,使水的波及系数提高,这就是注水井的调剖,所用的物质称为调剖剂。调剖法是指封堵高渗透层,调整注水地层的吸水剖面,增加注入水的波及体积的方法。调剖剂(封堵剂)是指能调剖地层吸水剖面的化学物质。

封堵高渗透层,可使用两种方法:单液法、双液法。

一、单液法

单液法是向油层注入一种工作液,这种工作液所带的物质或随后变成的物质可封堵高渗透层。因此,单液法应用在近井地带的注水调剖,常用的调剖剂(封堵剂)如下。

1. 硫酸、硫酸亚铁

硫酸是利用油层中的钙盐、镁盐产生调剖物质封堵高渗透层。而硫酸亚铁在水中水解产生氢氧化亚铁和硫酸,氢氧化亚铁是一种沉淀可以封堵渗透层,产生的硫酸也是封堵剂。当把浓硫酸注入井中,硫酸先与近井地带的碳酸盐(岩体或胶结物的碳酸盐)反应,增加注水井的吸水能力,而产生的硫酸钙、硫酸镁将随酸液进入地层,然后饱和析出并在适当位置(如地层中狭小的缝隙)沉积下来,形成堵塞。由于高渗透层进入的硫酸多,产生的硫酸钙、硫酸镁也多,所以主要堵塞发生在高渗透层。反应为

$$H_2SO_4 + Ca^{2+}(地层) \longrightarrow CaSO_4 + 2H^+$$

$$H_2SO_4 + Mg^{2+}(地层) \longrightarrow MgSO_4 + 2H^+$$

因为高渗透层中流入大量的硫酸,产生的大量 $CaSO_4$、$MgSO_4$ 在水中达到饱和就会析出,析出的固体颗粒封堵高渗透层,并且渗透率很高的地层更易被封堵。

硫酸亚铁在地层中与水发生反应

$$FeSO_4 + 2H_2O \longrightarrow Fe(OH)_2\downarrow + H_2SO_4$$

$$H_2SO_4 + Ca^{2+}(地层) \longrightarrow CaSO_4 + 2H^+$$

$$H_2SO_4 + Mg^{2+}(地层) \longrightarrow MgSO_4 + 2H^+$$

其中硫酸可起前面讲到的调剖作用,而氢氧化亚铁是一种沉淀,同样可起调剖作用。三氯化铁可起与硫酸亚铁类似的作用。

2. 石灰乳

石灰乳是氧化钙分散在水中配成的。由于氧化钙可与水反应生成氢氧化钙

$$CaO + H_2O \longrightarrow Ca(OH)_2$$

而氢氧化钙在水中溶解度很小,所以石灰乳是氢氧化钙在水中的悬浮体。用石灰乳作为封堵剂的单液法有几个特点:

(1)氢氧化钙的粒径较大($60\mu m$ 左右),特别适合于封堵裂缝性的高渗透层。由于氢氧化钙颗粒不能进入中、低渗透层,因此对中、低渗透层有保护作用。

(2)氢氧化钙的溶解度随温度升高而减小,所以可用于封堵高温地层。

(3)氢氧化钙可与盐酸反应生成可溶于水的氯化钙,在不需要封堵时,可用盐酸解除,反应为

$$Ca(OH)_2 + 2HCl \longrightarrow CaCl_2 + 2H_2O$$

3. 硅酸凝胶

硅酸凝胶是指硅酸盐体系的封堵剂,硅酸凝胶由水玻璃与胶凝剂反应生成。水玻璃又名硅酸钠,分子式为 $Na_2O \cdot mSiO_2$,式中 m 为模数(即水玻璃中 SiO_2 与 Na_2O 物质的量之比),模数一般为 1~4。水玻璃的性质随模数而变,模数越小,水玻璃碱性越强,越易溶解。胶凝剂是指可使水玻璃变成溶胶而随后变成凝胶的物质。胶凝剂分为两类:一类是无机物(如酸、铵盐、钠盐等);另一类是有机物(如有机酸、酯、酚等)。最常见的是水玻璃封堵剂。

水玻璃封堵剂的胶凝机理:胶凝剂是一种钠盐,常温下在水中能缓慢水解成一种弱酸,电离出 H^+,当 pH 值为 5~6 时最稳定。H^+ 与水玻璃反应成硅酸凝胶

$$2H^+ + Na_2SiO_3 \longrightarrow H_2SiO_3\downarrow + 2Na^+$$

开始只是形成单硅酸,后缩合成多硅酸,这是一种长链网络结构的物质,网络的孔隙间充满液体,故呈凝胶状态。这种凝胶在地层孔隙中能形成良好的封堵。

由于水玻璃在酸性环境下成胶时间短、强度大、有弹性,而在碱性条件下亦可成胶,只是时间长,但当 pH 值大于 11 时,则不能成胶。因此,利用水玻璃的这种性质先调节封堵剂 pH 值大于 11,使水玻璃暂不胶凝。当注入地层后,随着温度升高,胶凝剂水解加快,H^+ 增多,pH 值逐渐减小,使封堵剂呈中性或酸性,从而使水玻璃胶凝,达到封堵地层的目的。因此,水玻璃封堵剂适用于中高温井,胶凝时间可以满足现场施工要求。

二、双液法

双液法是向地层注入两种工作液(或工作流体),它们在地层相遇后生成沉淀物,堵塞水流通道,达到调整吸水剖面的目的。注入时,这两种工作液用隔离液隔开,注入顺序为:第一工作液;隔离液;第二工作液(见图 6-1)。

随着工作液向外推移,隔离液越来越薄。当外推至一定程度,即隔离液薄至一定程度时,它将不起隔离作用,两种工作液相遇,产生封堵地层的物质

$$第一工作液 + 第二工作液 \longrightarrow 封堵物质$$

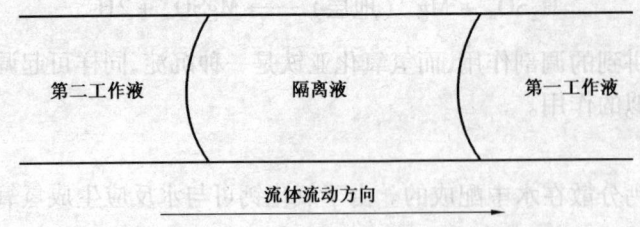

图 6-1 双液法工作液注入顺序

由于高渗透层吸入更多的工作液,所以封堵主要发生在高渗透层,达到调剖的目的。

在双液法作业中,隔离液的用量取决于封堵的位置,因此,双液法调剖的优点是可对远井地带进行调剖,能处理任何深度的地层,使其能有效地改变注水剖面。与单液法相比缺点是用量大,工艺繁琐,动用的设备多,成本高。重要的双液法封堵剂有下列几类。

1. 沉淀型双液法封堵剂

这是指两种工作液反应生成沉淀,以沉淀作为封堵物质的调剖剂。在作业中要求将第一工作液稠化(如加入少量的水溶性高分子),使第二工作液容易进入第一工作液。隔离液一般用水,也可用烃类或其他不与工作液反应的液体以防止水对工作液的稀释。常用的有以下几种。

(1)封堵剂 Na_2CO_3 和 $FeCl_3$。

第一工作液:Na_2CO_3 (质量分数:0.05% ~ 0.20%)

第二工作液:$FeCl_3$ (质量分数:0.05% ~ 0.30%)

产生沉淀的反应:$3Na_2CO_3 + 2FeCl_3 \longrightarrow Fe_2(CO_3)_3 \downarrow + 6NaCl$

$Fe_2(CO_3)_3 + 3H_2O \longrightarrow 2Fe(OH)_3 \downarrow + 3CO_2 \uparrow$

(2)封堵剂 $Na_2O \cdot mSiO_2$ 和 $FeSO_4$。

第一工作液:$Na_2O \cdot mSiO_2$ (质量分数:0.01% ~ 0.25%)

第二工作液:$FeSO_4$ (质量分数:0.05% ~ 0.13%)

产生沉淀的反应:$NaO \cdot mSiO_2 + FeSO_4 \longrightarrow FeO \cdot mSiO_2 \downarrow + Na_2SO_4$

2. 凝胶型双液法封堵剂

这是指两种工作液反应生成凝胶,以凝胶作为封堵物质的调剖剂。这类调剖剂由水玻璃和胶凝剂组成,第一工作液可以是水玻璃,用胶凝剂如硫酸铵等作第二工作液,所产生的凝胶可以封堵高渗透水层。隔离液一般为淡水,常用的有以下几种。

(1)水玻璃和氯化钙封堵剂。

封堵剂是水玻璃和氯化钙。水玻璃($Na_2O \cdot mSiO_2$)是一种强碱弱酸性化合物,决定其性质的重要参数是模数。模数高于 2 的水玻璃,由于二氧化硅含量较高,水解后具有碱性特征,能在一定浓度的电解质作用下形成大体积的凝胶沉淀,其水解反应式为

$$Na_2O \cdot mSiO_2 + (2m + 1)H_2O \longrightarrow 2NaOH + mSi(OH)_4 \downarrow$$

首先向水井注入水玻璃溶液,接着注入隔离液(一般为淡水),接着再注入氯化钙水溶液,然后交替注入,随着地层的渗流作用,两种工作液在地层深部相遇,反应生成硅酸钙、硅酸凝胶、氢氧化钙等复合沉淀物,堵塞地层出水层,其反应式为

$$CaCl_2 + Na_2O \cdot mSiO_2 + nH_2O \longrightarrow 2NaCl + Ca(OH)_2 + mSiO_2 + (n - 1)H_2O$$

$$CaCl_2 + Na_2O \cdot mSiO_2 + nH_2O \longrightarrow 2NaCl + CaSiO_3 \cdot nH_2O + (m-1)SiO_2$$

(2) 水玻璃和氟硅酸封堵剂。

封堵剂是水玻璃和氟硅酸溶液，其中氟硅酸溶液的浓度为 8%~13%，其中含 2% 的甲醛（防腐作用）；水玻璃的模数为 3.3~3.5，相对密度为 1.20~1.30。两工作液的体积配比为

水玻璃 : 氟硅酸溶液 = (0.5~1.2) : 1

为获得理想的堵水效果，应根据油田堵水井地质特征（储层厚度、渗透率等），在所给配方范围内选用不同浓度的水玻璃和配比，并合理确定两工作液交替注入的循环次数。

氟硅酸溶液和水玻璃反应生成的凝胶呈白色干稠的半固态，其体积大，抗盐性能好。封堵剂在 65℃ 下的最终溶解率为 45%~65%；在 65℃ 地层中浸泡两个月后的体积溶解率小于 30%；在 60~80℃ 地层水不断冲刷下，最终还有 35%~55% SiO_2 固体不会溶掉，封堵效率大于 95%。封堵剂无选择性，依靠地层渗透率情况和工艺措施达到一定的封堵目的；堵塞用 5%~8% HF 即可解除。

3. 锆冻胶双液法封堵剂

封堵剂是聚丙烯酰胺溶液与氧氯化锆溶液。将聚丙烯酰胺溶液与氧氯化锆溶液交替注入油层，用隔离液（水或馏分油）隔开，这两种工作液在油层相遇后即生成有足够强度的粘弹性冻胶，将水层堵住。这种封堵剂配制简单、堵水率高、耐地层水冲刷、热稳定性高、可堵可解。

4. 絮凝体型双液法封堵剂（粘土类双液法封堵剂）

封堵剂是粘土悬浮体和高分子溶液（最常用的是 HPAM 溶液）。若将粘土悬浮体与部分水解聚丙烯酰胺（HPAM）溶液交替注入地层，它们在地层中相遇形成絮凝体。这种絮凝体能有效地封堵特高渗透地层。形成絮凝体的原因是粘土表面的羟基与 HPAM 的亲水基通过氢键产生桥接作用，形成体积较大的絮凝体，封堵大缝隙。

5. 泡沫型双液法封堵剂

封堵剂是起泡剂溶液和气体。若将起泡剂溶液与气体交替注入地层，就可在地层（主要是高渗透层）中形成泡沫，产生封堵，泡沫封堵的时间较短，这种方法常用在暂时的注水调剖。常用的起泡剂是非离子型表面活性剂（如聚氧乙烯烷基苯酚醚）、阴离子型表面活性剂（如烷基芳基磺酸盐）。可用的气体包括氮气和二氧化碳。

第二节 油井堵水法

油井出水是油田开发过程中不可避免地要遇到的问题。油井出水有许多危害：油井出水有可能使储层结构破坏，造成出砂；油井出水会增加液体的相对密度，使井底的油压增大，造成自喷井转为抽油井或增加抽油井的泵压；油井出水使设备腐蚀和结垢，严重时可能引起事故；由于产水量的增加必然会增大地面的脱水费用。因此，油井堵水是油田开发中重要的增产措施。

油井出水是由于油层存在水，水来自于与油层同处于一个层面的同层水（如注入水、边水和底水）以及与油层不同层面的异层水（如上层水、下层水和夹层水）。因此，将油井出水的原因分为两类：

（1）同层水沿高渗透层流入油井。这是一个非常严重的问题，因为不但造成油井出水，而且还使注入水（驱油剂）的波及体积减小，注入水效率降低。由于水与油在同一层，油井堵水时不能降低油的流动能力。除了注入水外，同层水还包括紧挨着油层沿高渗透层流入油井的边水和处于油井底部下面的底水，底水是由于油井底部在生产过程中产生的压力差使油井底层的水从井底冒出。

（2）异层水窜入油井。是指由于固井质量不合格，地质断层、裂缝，套管因地层水腐蚀及盐岩流动挤压被破坏，或射孔时误射水层使油层上部的含水层（上层水）或下部的含水层（下层水）及夹于油层之间的含水层（夹层水）窜入油井。

油井堵水必须根据水的来源和出水的位置采取相应的堵水措施。对于"同层水"一般采取控制和必要的封堵措施，使其缓出水。而对于"外来水"，在可能的条件下应尽量采取将水层封死的措施，因此，油井堵水法分为选择性堵水法和非选择性堵水法。

一、选择性堵水法

选择性堵水法适用于封堵不易与油层隔开的水层。选择性堵水法用选择性堵水剂。选择性堵水剂是通过油和水、产油层和产水层的差别进行堵水。选择性堵水剂可分为三类：水基堵水剂（水作分散介质）、醇基堵水剂（醇作分散介质）和油基堵水剂（油作分散介质）。

1. 水基堵水剂

以水作溶剂或分散介质的堵水剂。水基堵水剂是油田应用广泛的堵水剂，最大的优点是优先进入水层；价格比其他两种堵水剂便宜。常用的水基堵水剂有以下几类：

（1）部分水解聚丙烯酰胺（HPAM）。

HPAM 对油和水有明显的选择性，它降低油的渗透性最高不超过 10%，而降低水的渗透性可超过 90%。HPAM 是水溶性高分子，由于出水层位含水饱和度较高，因而 HPAM 优先进入水层；进入地层的 HPAM 分子的酰胺基和羧酸基团通过氢键吸附在地层表面而保留在水层；HPAM 分子中未被吸附的部分可在水中伸展，降低地层对水的渗透性；HPAM 随水流动时为地层结构的喉部所捕集，产生堵塞。在油层，由于表面为油所覆盖，所以 HPAM 不在油层吸附，也不易保留在油层；HPAM 中未吸附的部分由于链节带负电而向水中伸展，对水的流动产生摩擦阻力，若水中有油通过，由于 HPAM 不亲油，分子不能在油中伸展，因此对油的流动阻力小。此外，HPAM 易于和地层水中或地层母岩中的多价离子反应，生成网状结构限制水在多孔介质中的流动，而且由于水趋于使网状结构膨胀，而油和气使其收缩，从而降低产水而不影响油气产量。

对于渗透率较高的地层，尤其是遇到地层有裂缝和孔洞时，HPAM 的堵水效果较差，因此有交联 HPAM 选择性堵水剂。交联 HPAM 选择性堵水剂是在 HPAM 溶液中加入交联剂，使 HPAM 分子产生交联，提高堵水效果。交联 HPAM 选择性堵水剂有以下几种：① HPAM/甲醛，以甲醛为交联剂的聚丙烯酰胺冻胶堵水剂。② HPAM/Cr^{3+}（无机铬离子、有机铬离子），这类堵水剂所用交联剂为 Cr^{3+}，如在体系中添加不同的热稳定剂又可得到中温、高温铬冻胶及混合型冻胶等多种产品。③ HPAM/（柠檬酸、柠檬酸钛）堵水剂。④ HPAM/Zr^{4+}，这是以锆离子为交联剂的双液法注入堵水剂，形成的冻胶与砂粒间有良好的粘接依附性。⑤HPAM/乌洛托品—对苯二酚堵水剂，这也是可溶性酚醛树脂交联的 HPAM 冻胶堵水剂，耐温性好。

交联 HPAM 选择性堵水剂具有 HPAM 的堵水效果，随着交联度的增加，吸附在地层表面的 HPAM 向外伸展，封堵更大的孔道。同时，使吸附在地层表面的 HPAM 产生横向结合形成结构,提高吸附层的强度,因而有更好的堵水效果而延长堵水的有效期。

(2)阴阳非离子三元共聚物。

阴阳非离子三元共聚物的分子中有阳离子、阴离子和非离子链节,其结构如图6-2所示。

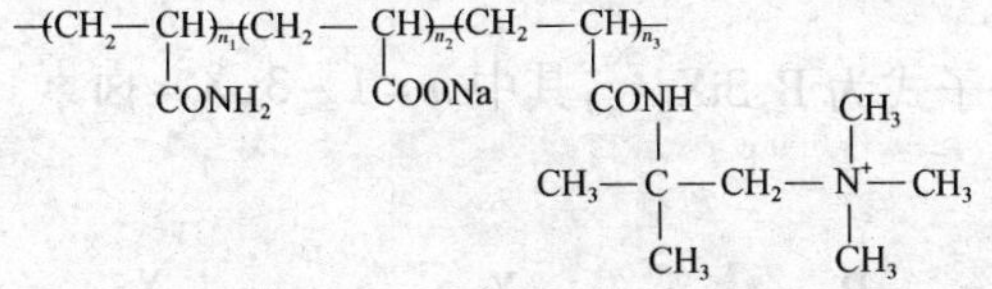

$$-(CH_2-CH)_{n_1}(CH_2-CH)_{n_2}(CH_2-CH)_{n_3}-$$
$$\underset{CONH_2}{|} \quad \underset{COONa}{|} \quad \underset{CONH}{|}$$
$$CH_3-\underset{\underset{CH_3}{|}}{\overset{CH_3}{|}}{C}-CH_2-\overset{CH_3}{\underset{\underset{CH_3}{|}}{\overset{|}{N^+}}}-CH_3$$

图6-2 阴阳非离子三元共聚物的分子结构

阴阳非离子三元共聚物的主要作用是阳离子链节吸附在带负电的岩石表面上,而非离子、阴离子链节在水中伸展,降低水的流动性,达到堵水作用。在油层中阴阳非离子三元共聚物的分子卷曲,不影响油的流动。

常用两种阴阳非离子三元共聚物:① 部分水解的 AM/AMBTAC 共聚物,该堵水剂由丙烯酰胺(AM)与3-酰胺基-3-甲基氯化胺(AMBTAC)通过共聚,水解后的产物相对分子质量大于1×10^5,水解率为0~50%。分子中的阳离子链节可与带负电的砂岩表面产生牢固的化学吸附,其他部分伸展到水中增加水的流动阻力。② 部分水解的 AM/DMDAC 共聚物,通过丙烯酰胺与二甲基二烯丙基氯化胺(DMDAC)共聚,水解得到。此类堵水剂挤入高渗透水层后,遇水膨胀,产生机械堵塞,实验室测得堵水率在95%以上。微粒在油中收缩,堵油率小于10%。

(3)泡沫。

泡沫是指水为分散介质、气泡为分散相的堵水剂。以水为分散介质的泡沫优先进入水层,在水层中稳定存在;水层中泡沫的贾敏效应(气阻效应)的叠加产生堵塞,使水在岩石孔隙介质中的流动阻力增加,水的渗透率下降;在油层,泡沫不能稳定存在,这是因为吸引起泡剂的能力大于气相,所以油水界面和汽水界面共存时,起泡剂将由汽水界面转移到油水界面而引起泡沫的破坏。

泡沫由起泡剂、水和气体(CO_2、N_2、空气)组成。起泡剂可用磺酸盐型表面活性剂,加入水溶性的高分子使水的粘度增加,起稳定泡沫的作用,提高泡沫的稳定性。

(4)松香酸钠。

松香酸钠由松香与碳酸钠或氢氧化钠反应生成,它可与水中的钙、镁离子等生成不溶于水的沉淀,反应如下

$$松香酸钠 + Mg^{2+}、Ca^{2+}(水层) \longrightarrow 沉淀(堵水)$$

松香酸钠适用封堵钙、镁离子含量较大的地层水。由于油层中的油不含钙、镁离子,所以它不堵油。

2. 醇基堵水剂

醇基堵水剂是以醇作分散介质的堵水剂。最有代表的醇基堵水剂是松香二聚物。松香二聚物易溶于低分子醇而不溶于水,所以当它的醇溶液与水相遇时,水即溶于醇中,降低了松香二聚物的溶解度,使其饱和析出颗粒(由于其软化点较高,所以以固态析出),从而对水层有较高的封堵能力。在油中松香二聚物依然呈溶液状态,不会影响油的流动性。由于成本较高,在油田开采中很少用醇基堵水剂。

3. 油基堵水剂

油基堵水剂是以油作溶剂或分散介质的堵水剂。油基堵水剂一般溶于油中，不溶于水中，因此在水中油基堵水剂产生沉淀或体型聚合物，封堵水层。

（1）烃基卤代甲硅烷。

烃基卤代甲硅烷的分子式为 R_nSiX_{4-n}，其中 $n = 1 \sim 3$，$X = $ 卤素。

其分子结构为

$$R-\underset{R}{\overset{R}{Si}}-X \quad R-\underset{R}{\overset{X}{Si}}-X \quad R-\underset{X}{\overset{X}{Si}}-X$$

在水中发生反应

$$\underset{CH_3}{\overset{CH_3}{Si}}\genfrac{}{}{0pt}{}{Cl}{Cl} + 2H_2O \longrightarrow \underset{CH_3}{\overset{CH_3}{Si}}\genfrac{}{}{0pt}{}{OH}{OH} + 2HCl$$

$$\underset{CH_3}{\overset{CH_3}{Si}}\genfrac{}{}{0pt}{}{OH}{OH} \xrightarrow{缩聚} HO{\left(\underset{CH_3}{\overset{CH_3}{Si}}-O\right)}_n H + (n-1)H_2O$$

烃基卤代甲硅烷有两种重要的化学作用：一是可与砂岩表面的羟基反应，使砂岩表面憎水化；二是可与水反应，生成相应的硅醇。出水层的砂岩表面由亲水反转为亲油，增加了水的流动阻力，从而减少了油井的出水；硅醇中的多元醇易缩聚成不溶于水的聚硅醇，从而封堵出水层位。由于烃基卤代甲硅烷在油层不会发生以上的反应，因此不会影响油的流动。

（2）聚氨基甲酸酯。

聚氨基甲酸酯由多羟基化合物与多异氰酸基聚合而成，其中异氰酸基（—NCO）的数量超过羟基的数量。这样反应过剩的异氰酸基遇水可发生一系列反应，生成氨基并放出二氧化碳，所产生的氨基继续与异氰酸反应，生成脲键（—NHCONH—）。脲键上的活泼氢可继续参与反应，使原来可流动的线型聚氨基甲酸酯变成不流动的体型聚氨基甲酸酯，将出水层位堵住。而在油层，因含水很少，所以不会发生堵塞。

二、非选择性堵水法

非选择性堵水法是既堵水又堵油，对水和油的封堵没有选择性的堵水方法。非选择性堵水法适用于封堵单一水层或高含水层。非选择性堵水剂主要有：树脂型堵水剂、冻胶型堵水剂、水泥堵水剂和沉淀型堵水剂等。

1. 树脂型堵水剂

这是指那些由低分子物质通过缩聚反应产生的不溶、不熔的高分子物质，如酚醛树脂、脲醛树脂、三聚氰胺—甲醛树脂等。酚醛树脂是由热固性酚醛树脂与固化剂混合后挤入水层，在水层温度和固化剂作用下，热固性酚醛树脂可在一定时间内交联成不溶、不熔的酚醛树脂，将水层堵住。

2. 冻胶型堵水剂

将高分子溶液与交联剂混合后注入水层,它们反应生成冻胶可封堵水层,适用于近井地带的出水层位。如果将高分子溶液与交联剂分成几个段塞,中间以隔离液隔开,交替注入出水层位,使其进入水层一定距离后才混合反应生成冻胶,这种方法适用于封堵远井地带的出水层位。高分子一般为 PAM、HPAM 和羟甲基纤维素。

3. 水泥堵水剂

水泥堵水剂有两种:水基水泥堵水剂和油分散超细水泥堵水剂。水基水泥堵水剂由水和水泥配成,主要是利用其凝固后的不透水性进行封堵,堵水时,用油将水基水泥替至出水层段,然后将其挤入出水层位,水泥固化后即可将水层堵住。油分散超细水泥堵水剂由超细水泥(粒径 5μm),分散于油中进入封堵层,遇水水化而起封堵作用,可避免水泥污染出油井段。

4. 沉淀型堵水剂

硅酸钙是常用的沉淀型堵水剂。硅酸钙由水玻璃与氯化钙反应生成。把一定模数的水玻璃溶液和一定数量的氯化钙溶液隔以惰性液体(如柴油),交替注入高渗透层内,两溶液在地层岩石孔隙内相混合,生成不溶于水的硅酸钙沉淀,堵塞岩石孔道,阻止水流入油井而起堵水作用。

第三节 油水井的防砂法

油水井出砂会严重影响着油水井的正常工作。油水井出砂的危害是很大的:油井出砂会引起采油层段、管线和设备的堵塞;管线和设备的损坏;还会引起周围地层的亏空、挤压和冲蚀,造成井壁坍塌、套管受挤压而变形损坏;井下和地面设备的磨损。水井出砂虽然不像油井那么严重,但同样会引起注水层位的堵塞,影响正常注水。因此要保证油田正常生产,就必须对出砂井进行防砂。

油水井出砂的原因:当地层中砂粒胶结不好时,砂粒会随流体流出油水井造成出砂。砂粒之所以胶结不好有下列几个原因:(1)对于疏松地层,砂粒间胶结物太少或没有。(2)用各种化学剂处理油水井时,使砂粒胶结物溶解、消失。这样砂粒处于松散状态,细小的砂粒(直径小于岩缝孔径 1/3 的砂粒)全随流体进入油井、注水井,使油水井出砂。

常见油水井防砂方法有 5 种:化学桥接防砂法、化学胶结防砂法、人工井壁防砂法、滤砂管防砂法和绕丝筛管砾石充填防砂法。以下讨论化学桥接防砂法和化学胶结防砂法。

一、化学桥接防砂法

化学桥接防砂法是将松散的砂粒用桥接剂桥接起来,防止砂粒流入油水井,达到防砂的目的。桥接剂是指能将松散砂粒在接触点处桥接起来的化学剂。桥接剂的固砂作用是指通过桥接剂分子与砂粒表面的静电作用及氢键作用将砂粒连接固定。化学桥接防砂法的特点是简单、操作方便;对地层的渗透性没有影响;对出砂不严重的油水井的防砂很有效。桥接剂有以下两类。

1. 无机阳离子型聚合物

将桥接剂配成水溶液,注入出砂层段,关井一定时间,使桥接剂在砂粒间吸附达到平衡,即可达到防砂的目的。因为砂粒由硅酸盐构成,其表面带负电,无机阳离子型聚合物与砂粒表面间存在静电引力,这样桥接剂分子会使砂粒间连接且固定,从而防止砂粒随流体流出。常用的有羟基铝和羟基锆,它们分别是由铝离子和锆离子组成的多核羟桥配位离子与相应的阴离子组成的聚合物。

例如,羟基铝是以金属铝离子为中心离子的多羟基配位离子,羟基铝由 Al^{3+} 水解聚合生成:

(1) $AlCl_3 \longrightarrow Al^{3+} + 3Cl^-$;

(2) $Al^{3+} + 6H_2O \longrightarrow [(H_2O)_6Al]^{3+}$;

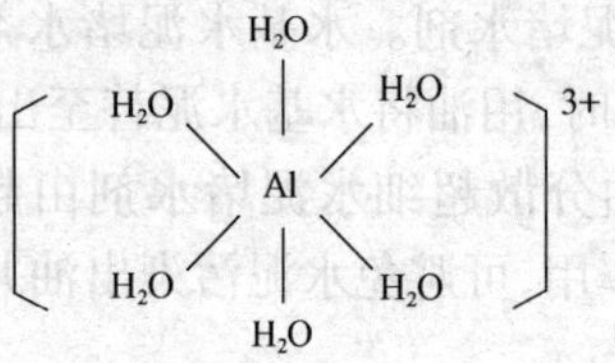

配位离子 $[(H_2O)_6Al]^{3+}$ 的中心离子为 Al^{3+},Al^{3+} 以 sp^3d^2 杂化形成六条杂化轨道,配位体是 H_2O,结构如图 6-3 所示。

(3) 配位离子 $[(H_2O)_6Al]^{3+}$ 水解、羟桥作用。配位离子 $[(H_2O)_6Al]^{3+}$ 继续水解并与 OH^- 配位反应(羟桥作用)形成羟基铝(多核羟桥配位离子的聚合物)。其结构如图 6-4 所示。

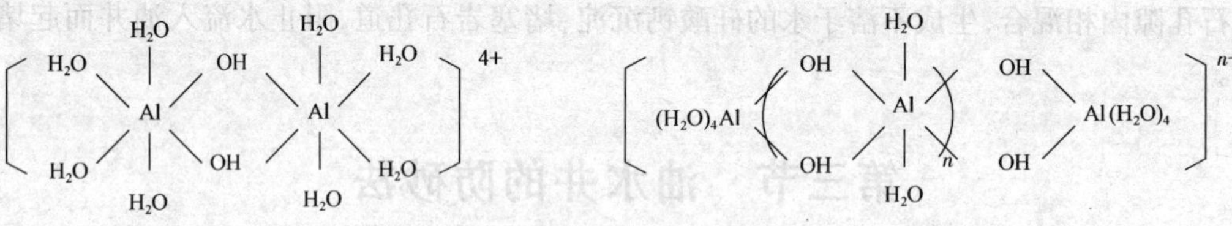

图 6-3 配位离子 $[(H_2O)_6Al]^{3+}$ 的结构

图 6-4 羟基铝的结构

2. 有机阳离子型聚合物

有机阳离子型聚合物的固砂作用与无机阳离子型聚合物相同。支链上有季铵盐结构的有机阳离子型聚合物是常用的桥接剂。

例如,聚丙烯酰胺中酰胺基支链化,引入铵离子生成季铵盐,则形成带正电的基团(如图6-5),这样与砂粒表面之间产生静电作用,从而将砂粒桥接在一起,使砂粒固定,达到防止砂粒随流体流出的目的。

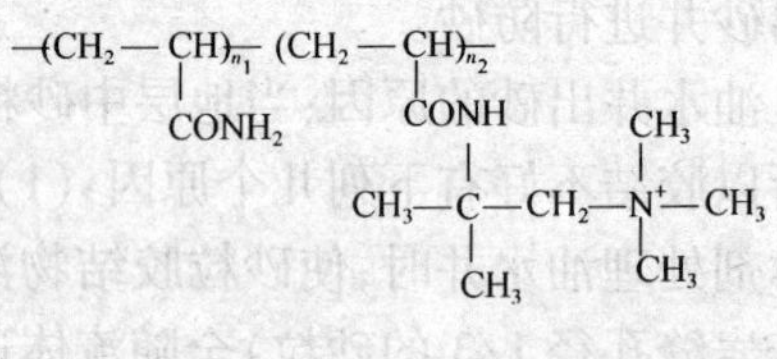

图 6-5 有机阳离子型聚合物的结构

二、化学胶结防砂法

当出砂很严重时,不能用化学桥接防砂法,而采用化学胶结防砂法。化学胶结防砂法是指用胶结剂将砂粒胶结固定,防止油水井出砂的方法。由于这种固定作用,使地层的渗透性受到影响,因此采用这种防砂方法时,应对油井、注水井作预先处理,以保证胶结后地层的渗透性没有改变。因此,化学胶结防砂法的防砂效果很好,但操作比较烦琐。

1. 化学胶结防砂法的处理过程

(1) 地层的预处理。

在使松散的砂粒胶结之前,根据砂层状况注入预处理液对地层进行预处理,才能使砂粒很好胶结。根据出砂地层的情况不同用不同的预处理方法:① 若要驱出砂层中的原油,需加盐水处理砂层;② 若要除去砂粒表面的油,需加油溶剂处理(使油溶入溶剂),油溶剂包括液化石油气、汽油、煤油;③ 若要除去砂粒表面的水,需加醇或醚处理,如正己醇、乙二醇、丁醚;④ 若要改变砂粒表面的润湿性,加入表面活性剂;⑤ 若要除去砂粒表面的碳酸盐,加入酸(HCl)处理。

(2)胶结剂的注入。

将胶结剂注入松散砂层,但是砂层是不均质的,所以胶结剂将更多地进入高渗透层,然后进入砂层,影响防砂效果。为了使胶结剂均匀渗入到需要固砂的地层中,还需加入分散剂,即在注入胶结剂前可先注一段塞分散剂,它可减小高渗透层的渗透率,使砂层各处的渗透率拉平,因此胶结剂可均匀地分散进入砂层。

(3)增孔液的注入。

由于胶结剂的作用是将砂粒胶结在一起,如果胶结剂过多,就会把砂层中孔隙堵塞,所以需把孔隙中多余的胶结剂带走。加入增孔液的目的是将多余胶结剂推至地层深处,保持地层的渗透性。要求增孔液不溶解在胶结剂中,不影响胶结剂固化。

(4)胶结剂的固化。

加入固化剂使胶结剂迅速固化而将砂粒胶结住,达到防砂的作用。当固化剂和胶结剂注入油水井时,必须关井到胶结剂将砂粒凝结为止。不同胶结剂用不同固化剂。

2. 胶结剂

胶结剂是指能将松散砂粒在接触点处胶结起来的化学剂。胶结剂分为以下两类。

(1)无机胶结剂。

① 硅酸。依次向砂层注入硅酸钠溶液、增孔液和盐酸,即可在砂粒的接触处产生硅酸,将砂粒胶结起来。

② 硅酸钙。依次向砂层注入硅酸钠溶液、增孔液和氯化钙,即可在砂粒的接触点处产生硅酸钙,将砂粒胶结起来。

(2)有机胶结剂。

树脂型胶结剂主要有酚醛树脂、脲醛树脂、环氧树脂等。

例如,酚醛树脂用作胶结剂常有两种形式:一种是地面预缩聚的热固性酚醛树脂,以10%(质量分数)的盐酸作固化剂在增孔后注入。另一种是地下合成的酚醛树脂,以氯化亚锡作固化剂。氯化亚锡与水作用慢慢释放出盐酸,使酚醛树脂慢慢固化。可与苯酚和甲醛一同注入地层后再增孔。

第四节 油井的防蜡与清蜡

原油由多种成分组成,一般都含蜡。地层中的原油在高温、高压条件下大多以单相液体存在,蜡是完全溶解在原油之中的。在油层的开发过程中,当原油从油层流入井底,再从井底沿井筒举升到井口时,随着压力、温度降低到一定程度后,蜡就从原油中离析出来,形成的结晶颗粒在一定条件下聚积增大,并且不断地凝结在油管壁上,这就是油井结蜡。油井结蜡严重影响原油的开采,因此,在采油中,油井的防蜡与清蜡是很重要的工作。

一、蜡的组成及沉积

1. 蜡的组成

蜡是原油中的重油部分,油井沉积的蜡的主要成分是石蜡。石蜡是指 $C_{17} \sim C_{70}$ 的一系列正构烷烃,其中 $C_{20}\sim C_{30}$ 的烷烃含量最多。固态纯蜡为白色,不溶于水,易溶于苯,高温下溶于原油,熔点为 $48\sim62℃$。石蜡又称油田蜡。

蜡是一种高级烷烃,碳原子数多,熔点高,原油中蜡的含量越多,原油的熔点会增高(参看表 6-1)。由于地层下的温度比地面高,蜡在地层下溶解于原油之中,当原油从地层流入井底,再从井底升到井口的过程中,由于压力、温度降低,溶解在原油中的石蜡会以晶体析出,并粘附在油管壁、套管壁、抽油泵以及其他采油设备上,形成蜡的沉积物,这个过程称为结蜡。结蜡就是指由于温度、压力的变化,使原油中的石蜡以晶体析出而形成蜡的沉积物的过程。

2. 结蜡

石蜡的结晶过程可分为三个阶段:析蜡阶段、蜡晶长大阶段和沉积阶段。若石蜡是从某一固体表面的活性点析出,此后石蜡就在其上不断长大形成晶体,结蜡过程只有前两个阶段。

随着原油从井底上升,温度不断下降,使石蜡在原油中处于过饱和状态,因此,石蜡分子聚集、结合、析出,就形成蜡晶核,这个过程为析蜡阶段;蜡晶核形成之后,石蜡分子在晶核上继续聚集、结合,使蜡晶核成为微晶,微晶长大形成晶体,这个过程为蜡晶长大阶段;蜡晶体在固体表面吸附并继续长大就是沉积阶段。控制石蜡结晶的任何阶段,都能使结蜡不能实现。

3. 影响结蜡的因素

蜡的沉积有两方面的因素:一是蜡本身的原因,即蜡的结构、结晶过程、熔点等;另一个是环境原因,即原油的组成、油井开采的条件、油井管壁表面的状态等。

(1)原油组成:原油中的石蜡含量越大,蜡的初始结晶温度越高,原油的凝点就越高,越容易结蜡。参看表 6-1。

表 6-1 某些原油的性质

井例	密度, $g\cdot cm^{-3}$	w(蜡),%	凝点,℃
1	0.9505	7.31	4
2	0.9293	10.48	10
3	0.9232	12.20	18
4	0.8861	15.40	23
5	0.8659	21.90	25

(2)蜡的性质:石蜡中相对分子质量较大的难熔烷烃在温度高的油井管壁上结晶,而相对分子质量较低的烷烃可能在温度低的浅井油井管壁上结晶。这是因为石蜡是由 $C_{17}\sim C_{70}$ 的一系列正构烷烃构成,而直链烷烃的凝固点随碳原子数增加而增加。参看表 6-2。

表 6-2 正构烷烃的凝固点

烷烃	相对分子质量	凝固点,℃	烷烃	相对分子质量	凝固点,℃	烷烃	相对分子质量	凝固点,℃
$C_{17}H_{36}$	240.46	21.72	$C_{22}H_{46}$	310.59	44.5	$C_{27}H_{56}$	380.72	59.4
$C_{18}H_{38}$	254.48	28.00	$C_{23}H_{48}$	324.61	47.4	$C_{28}H_{58}$	394.74	61.3
$C_{19}H_{40}$	268.51	32.0	$C_{24}H_{50}$	338.64	50.8	$C_{29}H_{60}$	408.77	63.6
$C_{20}H_{42}$	282.54	36.7	$C_{25}H_{52}$	352.67	53.3	$C_{30}H_{62}$	422.80	66.0
$C_{21}H_{44}$	296.56	40.3	$C_{26}H_{54}$	366.69	56.2	$C_{31}H_{64}$	436.82	67.3

(3)管壁材料和光洁度:蜡沉积还受管壁材料和光洁度影响。当钢管表面十分光滑或用塑料涂层时,蜡不容易沉积。在一定温度下,蜡沉积数量、硬度随金属和塑料表面光洁度上升而下降。

二、化学防蜡法

根据石蜡的结晶过程及影响结蜡的因素,油井的防蜡法分为两种:化学防蜡法(用防蜡剂的防蜡法)和改变管壁性质的防蜡法。这里只讨论化学防蜡法。化学防蜡法是用化学药品(防蜡剂)抑制原油中蜡晶析出、长大、聚集或在固体表面沉积,达到防蜡的目的。

1. 聚合物型防蜡剂

聚合物型防蜡剂的防蜡机理:防蜡剂与石蜡同时析出,生成混合晶体(共晶),由于防蜡剂与石蜡的晶体结构不同,其混合晶体不规则、不完整,破坏蜡晶的生长,使蜡晶不能长大形成晶体沉积,达到防蜡的目的。聚合物型防蜡剂的熔点与石蜡的熔点相差很小。

聚合物型防蜡剂一般为聚酯,如聚丙烯酸酯、聚羧酸乙烯酯等。

2. 稠环芳香烃型防蜡剂

稠环芳香烃型防蜡剂的防蜡机理:在高于原油析蜡温度时,防蜡剂析出成为细小的结晶中心,形成晶核,石蜡在这些细小的晶核上结晶,使蜡晶柱扭曲,不能长大形成蜡晶体,达到防蜡的目的。因此。稠环芳香烃型防蜡剂的熔点比石蜡稍高。

稠环芳香烃型防蜡剂一般含有两个或两个以上苯环,如图6-6所示。

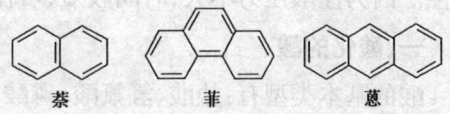

图6-6 稠环芳香烃

3. 表面活性剂型防蜡剂

表面活性剂型防蜡剂的防蜡机理:防蜡剂在蜡晶长大、沉积之前吸附在蜡晶表面,抑制蜡的继续生长,或吸附在固体(油管、抽油设备等)表面阻止蜡晶体沉积,达到防蜡的目的。

表面活性剂型防蜡剂分为两种:油溶性表面活性剂型(如苯磺酸盐、聚氧乙烯脂肪胺等)和水溶性表面活性剂型(如烷基磺酸盐、聚氧乙烯烷基醇醚等)。油溶性表面活性剂吸附在蜡晶表面,改变蜡晶表面的性质,使蜡不能继续结晶长大。水溶性表面活性剂吸附在蜡晶表面、油管表面,改变其表面的润湿性,使蜡晶不能继续结晶长大,也不能沉积在管道设备上,如图6-7所示。

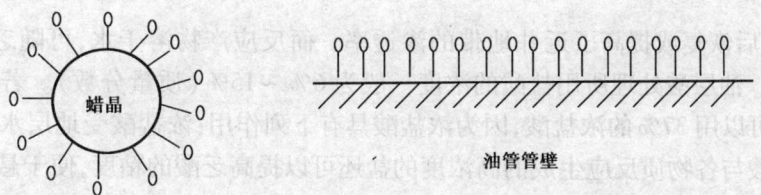

图6-7 表面活性剂吸附在采油固体表面的示意图

三、清蜡法

清蜡是指对已结蜡的管线、设备及地层,用适当的方法将蜡除去的过程。在清蜡的各种方法中,用清蜡剂清蜡的方法应用最广泛,根据组成将清蜡剂分为两种:油基清蜡剂和水基清蜡剂。

1. 油基清蜡剂

油基清蜡剂是一类能溶解蜡的有机溶剂,如苯类(苯、甲苯、二甲苯等)、轻质油(汽油、煤油、柴油等)。但是溶解蜡的有机溶剂大部分是有毒、易燃的物质,使用不安全,所以不常使用。

2. 水基清蜡剂

水基清蜡剂以水作为分散介质,是由表面活性剂(一般为非离子表面活性剂)、互溶剂、碱性物质组成的溶液。表面活性剂用于改变蜡的润湿性,使之易脱落,而互溶剂是为了增加蜡在水中的溶解性,当蜡中含有沥青质时,碱与沥青质反应生成易溶于水的物质,使蜡溶于水中。

第五节 油水井的酸化

酸化是指注入酸使地层渗透率提高的方法。油水井的酸化可以有效提高注水井的注水量、提高采油井的产量。根据酸的注入速率和压力,酸化分为两种类型:基岩酸化(渗透酸化)、压裂酸化。

基岩酸化是注酸压力低于地层的破裂压力的酸化。基岩酸化的作用:(1)除去近井地带的堵塞物,恢复地层的渗透率。(2)溶解地层砂粒间的胶结物,扩大孔隙结构,提高地层的渗透性。因为注酸压力不大,时间较短,可使近井附近的流动通路得到改善,渗透率提高。

一、酸化的酸

酸的基本类型有:盐酸、氢氟酸、磷酸、氨基磺酸、有机酸、潜在酸等。

1. 盐酸(HCl)

盐酸能清除堵塞水井的腐蚀产物(硫化亚铁和氧化铁),能溶解灰岩、白云岩等碳酸盐岩。反应如下

腐蚀产物
$$FeS + 2HCl \longrightarrow FeCl_2 + H_2S \uparrow$$
$$Fe_2O_3 + 6HCl \longrightarrow 2FeCl_3 + 3H_2O$$

碳酸盐岩
$$CaCO_3(灰岩) + 2HCl \longrightarrow CaCL_2 + CO_2 \uparrow + H_2O$$
$$CaMg(CO_3)_2(白云岩) + 4HCl \longrightarrow CaCl_2 + MgCl_2 + 2CO_2 \uparrow + 2H_2O$$

使用盐酸后恢复或提高了近井地带的渗透率。而反应产物溶于水,可随乏酸(酸化后的酸)排到地面。油层酸处理所用盐酸的浓度一般为 6%~15%(质量分数)。若与高效缓蚀剂配合使用时,可以用37%的浓盐酸,因为浓盐酸具有下列作用:浓盐酸受地层水稀释作用的影响较小;浓盐酸与各物质反应生成的高浓度的盐还可以提高乏酸的粘度,便于悬浮和携带颗粒物返排至地面;浓盐酸与碳酸盐生成的 CO_2 较多,便于酸化后乏酸的排出。

2. 氢氟酸(HF)

氢氟酸可消除渗滤面(狭缝)的粘土堵塞物,也可溶解砂岩。酸处理使用的氢氟酸浓度一般为3%~15%(质量分数)。反应为

$$Al_4(Si_8O_{20})(OH)_4(蒙脱石) + 72HF \longrightarrow 8H_2SiF_6 + 4H_3AlF_6 + 24H_2O$$
$$SiO_2(石英) + 6HF \longrightarrow H_2SiF_6 + 2H_2O$$

在原油开采中常用土酸(3%的 HF 和 12%的 HCl 的混合酸)处理砂岩,溶解天然的粘土或钻采作业带来的粘土。对于碳酸盐岩的酸化不能用氢氟酸,因为氢氟酸与碳酸盐岩中的 Ca^{2+}、Mg^{2+} 反应生成 CaF_2 和 MgF_2 沉淀。在砂岩地层中也含有一定量的碳酸盐,所以用氢氟酸或土酸进行酸化前,须用盐酸进行预处理,以减少 CaF_2 和 MgF_2 沉淀。

3. 磷酸(H_3PO_4)

磷酸可消除腐蚀产物的堵塞,也可溶解灰岩。常用质量分数为 15% 的磷酸溶液酸化地层。H_3PO_4 是中强酸,与腐蚀产物、灰岩反应的主要产物是磷酸二氢盐(因为 H_3PO_4 的第二、三次电离较难,$K_{a1}=7.6\times10^{-3}$,$K_{a2}=6.3\times10^{-8}$,$K_{a3}=4.4\times10^{-13}$)。反应为

$$FeS + 2H_3PO_3 \longrightarrow Fe(H_2PO_4)_2 + H_2S\uparrow$$

$$Fe_2O_3 + 6H_3PO_4 \longrightarrow 2Fe(H_2PO_4)_3 + 3H_2O$$

$$CaCO_3 + 2H_3PO_4 \longrightarrow Ca(H_2PO_4)_2 + H_2O + CO_2\uparrow$$

4. 氨基磺酸(NH_2SO_3H)

氨基磺酸是一种粉末状的固体酸,在水中的溶解度不大,有效期长,可以酸化较深远的地层,另外还有腐蚀性小、施工安全和易储存和运输等优点。

氨基磺酸主要用于酸化注水井,可与硫化亚铁、氧化铁和碳酸钙等反应,生成可溶于水的氨基磺酸盐,从而解除地层堵塞和提高地层的渗透率。

5. 有机酸

甲酸(HCOOH)、乙酸(CH_3COOH)等有机酸均为弱酸,对管道、采油设备的腐蚀性比盐酸轻。由于有机酸与地层反应速率慢,常用于酸化高温井和深井。使用有机酸的成本较高,并且其反应产物甲酸钙和乙酸钙的溶解度小,易造成堵塞,因此有机酸最好与盐酸复配使用。

6. 潜在酸

潜在酸是指本身不是酸,但在一定条件(地层条件)下会产生酸的物质。潜在酸的作用:(1)可以用于高温井及深井的酸化。(2)减少对管道、采油设备的腐蚀。(3)根据需要,可延缓地层酸化的速率。

常用的潜在酸有酯、卤代烃和卤盐。

(1)酯(RCOOR′):酯水解后形成酸。例如乙酸甲酯的水解反应如下

$$CH_3COOH_3(乙酸甲酯) + H_2O \longrightarrow CH_3COOH + CH_3OH$$

(2)卤代烃(RX):卤代烃在 120~370℃ 的地层条件下可水解产生酸。例如 CCl_4 的水解反应如下

$$CCl_4 + 2H_2O \xrightarrow{120℃} 4HCl + 2CO_2\uparrow$$

(3)卤盐(NH_4X):卤盐在引发剂的作用下生成酸。例如 NH_4Cl 在甲醛的作用下生成 HCl 和六次甲基四胺酸,反应为

$$4NH_4Cl + 6CH_2O \longrightarrow (CH_2)_6N_4H + 4HCl + 6H_2O$$

二、酸液添加剂

酸化是为了提高地层的渗透率,但酸化的过程中还存在各种影响处理效果的问题,如酸化

使用的酸对管道、设备有腐蚀性,酸与地层反应速率过快等,所以在酸化使用的酸中,常需加入许多添加剂以改进酸的性能。

1. 缓速剂

在酸化中酸与地层反应过快会引起近井地层大量的胶结物溶解,严重会引起出砂;而酸液浓度降低使远井地层酸化效果差。延缓酸液对地层的反应速率就必须在酸液中加入缓速剂,不但使酸液的反应速率降低,还增加酸的有效作用距离。缓速剂是能延缓酸液与地层的反应速率的化学剂。缓速剂分为两类:

(1) 表面活性剂。

表面活性剂通过在地层表面的吸附来降低与地层的反应速率,从而起到缓速作用。初与地层接触时,表面活性剂的浓度高,因而吸附量大,降低反应速率的能力强。进入地层内部后,由于表面活性剂的浓度变小,吸附量小,降低反应速率的能力减弱。

常用的表面活性剂可以是十二烷基磺酸盐等可用作起泡剂和乳化剂的 HLB 值较小的表面活性剂。

(2) 增粘剂。

在酸液中加入可溶的增粘剂(又称为稠化剂)可以提高酸液的粘度,得到稠化酸。主要是通过增加酸液的粘度,降低酸液中 H^+ 扩散到地层表面的速率和反应产物由地层表面扩散到酸液中去的速率,从而控制酸液与岩石中可溶成分的反应速率。常用的增粘剂为水溶性高分子,如聚丙烯酰胺、聚乙二醇等。

2. 缓蚀剂

酸液缓蚀剂是指能抑制酸液对金属腐蚀的化学剂。酸化作业中酸对油套管及施工设备的腐蚀是很严重的问题,减轻酸液腐蚀是保证酸化作业顺利进行的关键技术之一。影响腐蚀的因素很多,如井温、酸的种类和浓度、酸与设备接触的时间等,其中井温和酸浓度较高的情况下金属腐蚀最严重。酸对油套管及施工设备的腐蚀主要是电化学腐蚀。温度升高以及酸浓度增加会加快 H^+ 与金属的反应,使金属设备腐蚀,且腐蚀的产物金属铁离子在一定条件下还会对地层造成伤害。

常用的缓蚀剂可分为无机和有机两大类。无机缓蚀剂通过控制电池的负极(即阳极)达到缓蚀,主要有碘化钾等。有机缓蚀剂通过控制电池的正、负极反应达到缓蚀。

油田实际应用时常采用复配缓蚀剂,如炔醇常与胺类、碘化物、吡啶、喹啉和季铵盐化合物等复配。

3. 铁稳定剂

铁稳定剂的作用是控制铁离子(Fe^{3+}、Fe^{2+})水解生成沉淀堵塞地层岩缝。铁稳定剂能与铁离子生成溶于水的物质,一般铁稳定剂是能通过配合、还原和 pH 值控制等作用防止铁离子二次沉淀的化学剂。

酸化处理过程中,金属的腐蚀产物、地层中的氧化铁和硫化亚铁等在酸中溶解,都可以产生 Fe^{3+} 和 Fe^{2+}。随着酸化的进行,酸浓度越来越低而 Fe^{3+} 和 Fe^{2+} 含量却越来越高,一定 pH 值下,当 Fe^{3+} 和 Fe^{2+} 达到一定浓度时,它们会水解成氢氧化物,重新生成堵塞地层的氢氧化物沉淀(二次沉淀),使地层的渗透率下降。用铁稳定剂可防止铁盐水解,防止铁离子沉淀。

酸液与地层:岩缝中含铁物质 $+ H^+ \longrightarrow Fe^{3+} + Fe^{2+}$

当 pH < 5 时:$Fe^{3+} + H_2O \longrightarrow Fe(OH)_3 \downarrow$　$Fe^{2+} + H_2O \longrightarrow Fe(OH)_2 \downarrow$

酸液中加入铁稳定剂:阻止 Fe^{3+}、Fe^{2+} 水解生成沉淀。

铁稳定剂一般是配合剂,由于与铁离子形成的配位化合物为螯合物,铁稳定剂也叫铁螯合物,如乙酸、草酸、乳酸、柠檬酸和乙二胺四乙酸等。

4. 防乳化剂

防乳化剂是能防止酸液形成乳状液的化学剂。防乳化剂通过有分支结构的表面活性剂,如聚氧乙烯聚氧丙烯丙二醇醚、聚氧乙烯聚氧丙烯多乙烯多胺等吸附在原油与酸的界面上,使酸化过程形成的液珠易于聚集,防止乳状液的生成。

5. 助排剂

助排剂是能帮助工作残液从地层返排到地面的物质。酸化后的工作残液不能返排到地面(井上)会增加对地层的伤害,会产生二次沉淀,使提高的渗透率又降低。表面活性剂是理想的助排剂。这类表面活性剂必须耐酸、耐盐,且在浓酸和含盐量高的状态下,仍能有效地降低表面张力,减小由油珠产生的贾敏效应,使乏酸易从地层排出。

常用的助排剂主要是阳离子型表面活性剂,但最好的助排剂是含氟表面活性剂,因含氟表面活性剂可使表面张力降得更低,使乏酸更易从地层排出。

6. 润湿反转剂

润湿反转剂是能改变油层表面润湿性的化学剂,在酸化中主要用于油井。常用表面活性剂型润湿反转剂,通过在油层表面吸附第二吸附层而起润湿反转作用。例如,由聚氧乙烯聚氧丙烯烷基醇醚与膦酸酯盐化得到的聚氧乙烯聚氧丙烯烷基醇醚的混合物,可以作为酸化处理过程中的润湿反转剂。酸液中的缓蚀剂在油井近井地带吸附可将油层的亲水表面反转为亲油表面,减小地层对油的渗透性,影响酸化效果。润湿反转剂可以消除这种副作用。

三、压裂酸化

压裂酸化是注酸压力高于地层的破裂压力的酸化。压裂酸化的作用:(1)将地层压开,形成裂缝;(2)酸将裂缝溶蚀,使地层的导流能力提高。由于压力较高,酸化作业不但能恢复地层的渗透性,还能很大程度提高地层的渗透率,因此压裂酸化处理的效果比基岩酸化好。

利用地面的高压泵将酸液和压裂添加剂以大大超过地层吸收能力的排量注入井中,随即在井底附近形成高压。由于形成的压力超过井底附近地应力及岩石的抗张强度,将地层压裂形成裂缝,形成的裂缝用支撑剂支撑,同时酸液将裂缝溶蚀,压力降低后在地层中形成足够长的具有一定宽度及高度的裂缝,该裂缝具有很高的渗透能力,从而大大改善了油气层的渗透性,使油气易流入采出井,起到增产增注的作用。这个过程称为压裂,压裂过程中所用流体为压裂液。

压裂酸化中的压裂液由两部分组成:酸液和压裂添加剂。前面已经介绍了酸液;压裂添加剂包括酸液添加剂(如防乳化剂、铁稳定剂、助排剂、润湿反转剂、缓蚀剂等)以及压裂专用的添加剂,如支撑剂、破坏剂等。

(1)支撑剂。

支撑剂是指用压裂液带入裂缝,在压力释放后用以支撑裂缝的物质。一种好的支撑剂应密度低、强度高、化学稳定性好、价格低廉。支撑剂的粒径一般为 0.4~1.2mm。

天然支撑剂有石英砂、铝矾土、氧化铝、锆石和核桃壳等。高强度的支撑剂有烧结铝矾土(烧结陶粒)、铝合金球和塑料球等;低密度的支撑剂有微孔烧结铝矾土(微孔烧结陶粒)及核桃壳等。化学稳定性好的支撑剂有由酚醛树脂覆盖的砂粒或有机硅覆盖的砂粒。若将覆盖砂粒的酚醛树脂全部或部分用在较高温度(高于54℃)下就能固化的树脂替代,则支撑剂不仅有好的化学稳定性,而且可稳定地固定在裂缝中起支撑作用。

(2)破坏剂。

压裂液破坏剂是指在指定时间内能将压裂液的粘度减到足够低的化学剂。由于破坏后的压裂液易从地层排出,因此可减轻压裂液对地层的污染。压裂液中使用的破坏剂主要是破胶剂,破胶剂是用于破坏冻胶结构的。

习 题 六

1. 完成下列反应:

(1) $Na_2CO_3 + FeCl_3$

(2) $NaHCO_3 + FeSO_4$

(3) $Na_2CO_3 + CaCl_2$

(4) $NaOH + FeCl_3$

2. 在选择性堵水中,各种堵水剂为什么能选择性堵水?

3. 常见的防蜡剂有哪些?防蜡剂的防蜡机理是什么

4. 油井出水时,为什么部分水解聚丙烯酰胺(HPAM)能选择堵水而不堵油?

5. 什么时候用化学胶结防砂法防止油水井出砂?讨论化学胶结防砂法处理过程。

6. 写出氨基磺酸与石灰岩以及含铁物质反应的化学反应式。

7. 什么是基岩酸化?什么是压裂酸化?它们有什么异同之处?

8. 写出 $AlCl_3$ 水解形成无机阳离子型聚合物(羟基铝)的反应式。

9. 已知盐酸的浓度为18%(质量分数),方解石的密度为 $2.71 g \cdot cm^{-3}$,计算10kg盐酸能溶解多少克方解石?

10. 什么是潜在酸?使用潜在酸有何意义?举例说明潜在酸的酸性?

第七章 化学驱油法

第一节 概 述

在原油的开采中,利用地层的天然能量驱动采油,称为一次采油,但随着能量的消耗殆尽,地层原油失去流动性无法开采,一次采油的采油率约为10%~25%。为了继续开采原油,就需要向地层输入能量将原油采出,最经济、最简单的方法就是向地层注水开采原油,这就是二次采油,随着注水开采进入开发后期,开采出的原油含水率不断升高,有些油田含水率甚至达到80%~90%,继续注水开采是不经济的,二次采油的采收率约为15%~25%。经过一次采油、二次采油,储量一半以上的原油仍在地层中,继续开采就是通过注驱油剂(化学物质、气体或微生物),改变地层及地层中原油的性质,这就是三次采油,其采收率有很大的提高,三次采油的采收率在75%以上(有的高达90%)。

一、原油的采收率

1. 采收率、波及系数及洗油效率

原油的采收率是指原油的可采量与原油储量之比。一次采油、二次采油甚至三次采油后地层还有部分油不能采出,采收率仍然较低,其原因是油层的不均质性,使驱油剂(水、化学物质等)沿高渗透层进入油井而波及不到渗透性较低的油层,即使驱油剂波及的油层,由于油层表面的润湿性和毛细管的阻力效应(Jamin效应),也不可能把油全采出来。因此,采收率与两个因素有关:一是驱油剂能够波及的油层大小,二是驱油剂能否把波及的油层的原油驱入油井。

(1)波及系数:指由注入的驱油剂所波及的油层体积与整个油层的体积之比

$$波及系数 = \frac{驱油剂波及的油层体积}{储油层的总体积}$$

由于地层的渗透率不同,驱油剂的波及系数始终小于1。地层的渗透率不同是地层的不均质造成的,地层的不均质分为宏观不均质性与微观不均质性,宏观不均质性是指地层的组成、疏松程度等不同,微观不均质性是指孔喉大小分布、孔喉表面粗糙度等不同。因此,地层越不均质,地层的渗透率差异越大,波及系数越小,采收率越低。

(2)洗油效率:指注入的驱油剂所波及的油层所采出的油量与该油层的储油量之比

$$洗油效率 = \frac{波及油层采出的油量}{波及油层的储油量}$$

洗油效率与地层表面的润湿性有关,如果地层能被油润湿,则地层是亲油的,产生的毛细管阻力会阻碍油从地层表面脱落,洗油效率低;如果地层能被水润湿,则地层是亲水的,在驱油剂的作用下油易从地层表面脱落,洗油效率高。因此,地层表面的润湿性决定洗油效率的高低,也决定采收率的高低。

原油采收率的主要因素是波及系数和洗油效率,二者有以下关系

$$采收率 = 波及系数 \times 洗油效率$$

2. 流度、流度比

在二次采油中,采收率约为15%~25%,说明注水驱油的效果不好,这是因为地层是非均质地层,进入低渗透地层的水很少,而大量的水会流入高渗透地层,但水渗透太快,与油层接触时间短,接触面小,起不到驱油作用,所以水在油层中能波及的体积是有限的,驱油的效果也有限,因此波及系数、洗油效率很小。为了说明流体与波及系数的关系,就有流度,流度比概念。

流度是对流体通过孔隙介质(如岩石,地层裂缝)能力的量度,用 λ 表示。流度与有效渗透率及流体的粘度有关,即

$$\lambda = \frac{\kappa}{\mu} \tag{7-1}$$

式中 κ——孔隙介质对流体的有效渗透率;

μ——流体的粘度。

流体的粘度越小,流体的流度越大,反之流体的流度越小。流体的流度越大,流体流过孔隙介质的能力越强,通过的速率也越快。驱油剂(水)与油均为流体,在油层中它们的流度大小以及相差的程度决定驱油剂的驱油能力,因此有流度比的概念。

流度比是指驱油时驱动液流度对被驱动液流度的比值,以 M 表示。若驱动液是水,被驱动液是油,则称为水油流度比,表示为 M_{wo}。有

$$M_{wo} = \frac{\lambda_w}{\lambda_o} = \frac{\kappa_w/\mu_w}{\kappa_o/\mu_o} = \frac{\kappa_w \cdot \mu_o}{\kappa_o \cdot \mu_w} \tag{7-2}$$

式中 κ_w, κ_o——孔隙介质对驱油剂(水)、油的有效渗透率;

μ_w, μ_o——驱油剂(水)、油的粘度。

水油流度比 M_{wo} 越大,说明水的流度大,渗透率强,不利于水与油的接触,也不利于水波及的范围,这样驱油效果差。

二、提高采收率的方法

1. 提高波及系数、洗油效率

要提高采收率就必须提高波及系数、洗油效率。

(1)提高波及系数的主要途径是减小驱油剂与原油的流度比(M_{wo}),使驱油剂流动能力降低,提高油的流动能力,即增加 λ_o,降低 λ_w,使 M_{wo} 下降,则波及系数上升,采收率提高。

(2)提高洗油效率的主要途径是改变地层的润湿性,将亲油地层变为亲水地层,减小地层毛细管效应,达到提高洗油效率的目的。

2. 提高采收率的方法

提高采收率的方法有三种:

(1)化学驱油法(化学驱),又分为聚合物驱油法(聚合物驱)、表面活性剂驱油法(表面活性剂驱)和碱驱油法(碱驱)。

(2)混相驱油法(混相驱),又分为烃类混相驱油法(烃类混相驱)和非烃类混相驱油法

(非烃类混相驱)。

(3) 热力采油法(热采),又分为蒸汽驱油法(蒸汽驱)和油层就地燃烧法(火烧油层)。

由于化学驱油法与化学密切相关,所以这里只讲化学驱油法。

第二节 聚合物驱

一、聚合物驱油法

聚合物驱油法是把聚合物添加到注入水中,提高注入水的粘度,降低驱油剂流度的驱油法,即聚合物驱是以聚合物溶液作为驱油剂的驱油法。一般作为驱油剂的聚合物的相对分子质量都在数百万,甚至数千万以上,所以形成的水溶液的粘度高,因此又把聚合物驱称为聚合物强化水驱、稠化水驱和增粘水驱。

聚合物驱的作用是降低水油流度比(M_{wo}),使波及系数提高,采收率提高。

水的粘度小,流动能力强,在地层中的渗透性好,所以注水开采时,水驱的波及系数小,如果在水中加入聚合物,形成聚合物溶液,聚合物溶液粘度高,注入油层会使流度比大大下降,使波及系数提高,从而采收率提高。由

$$M_{wo} = \frac{\lambda_w}{\lambda_o} = \frac{\kappa_w \cdot \mu_o}{\kappa_o \cdot \mu_w}$$

若 κ_w 下降,μ_w 增加,则 M_{wo} 降低,波及系数提高,采收率提高。

聚合物驱以提高波及系数为主,因此它适用于非均质的重质或较重质的油藏。当聚合物驱与交联聚合物调剖技术相结合时,也可以用于那些具有高渗透率通道或微小裂缝的油藏。

二、聚合物驱油的作用

(1) 聚合物对注入水有较强的稠化能力,能使水的粘度(μ_w)提高。

聚合物影响水的增粘能力是由于下列原因引起的:

① 水中聚合物分子互相纠缠形成一定形状网状结构,使内摩擦力增加,产生结构粘度。

② 聚合物链中的亲水基在水中溶剂化(水化)。

例如,部分水解聚丙烯酰胺(HPAM)的亲水基水化

$$-(CH_2-CH)_x-(CH_2-CH)_y-(CH_2-CH)_z-$$
$$\quad\quad |\quad\quad\quad\quad |\quad\quad\quad\quad |$$
$$\quad\quad CONH_2\quad\quad COOH\quad\quad COO^-$$
$$\quad\quad 水化\quad\quad\quad 水化\quad\quad\quad 水化$$

③ 离子型聚合物在水中电离,链节上带有相同电荷,这样互相排斥,聚合物所占的空间更大,形成无规则线团,使水溶液的粘度提高。

(2) 聚合物的加入使注入水的有效渗透率(κ_w)减小。

聚合物在孔隙介质中滞留,使水溶液的渗透能力、流动速率降低,孔隙介质对水的有效渗透率减小(κ_w)。聚合物在多孔介质中的滞留包括吸附、捕集和物理堵塞。

① 聚合物的吸附。

聚合物主要通过氢键、范德瓦尔斯力和静电力吸附在岩石表面。岩石对聚合物吸附按吸附量的影响从大到小的排序为粘土矿物>碳酸岩>砂岩>蒙脱石>伊利石>高岭石>长石>石英。

② 机械捕集。

机械捕集是指比岩石孔隙大的聚合物分子进入并保留在岩石中。这些孔隙一端小，另一端大，聚合物分子进入孔隙，但在小口端却流不出来，于是聚合物分子就被捕集（见图7-1）。由于聚合物在孔隙结构中滞留，增加了流体在孔隙结构中的流动阻力，岩石对水的有效渗透率减小，达到减小水油流度比，增加波及系数，从而提高原油采收率的目的。机械捕集可让油通过，只是限制水溶液的流动，并且机械捕集是可逆的。

③ 物理堵塞。

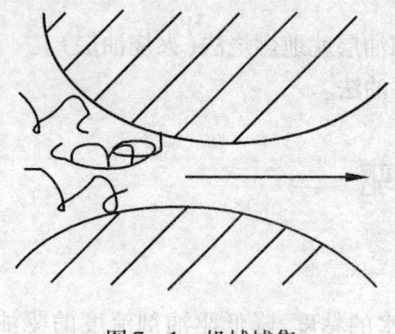

图7-1　机械捕集

物理堵塞主要是由于沉淀物而引起的。这些沉淀物包括聚合物溶液中的各种不溶物，聚合物与地层或流体中的物质发生化学反应而生成的沉淀物，如地层中的二价阳离子，使部分水解聚丙烯酰胺絮凝或沉淀等。物理堵塞不允许流体通过，并且一般是不可逆的。

三、聚合物驱用的聚合物

聚合物驱中常用的聚合物有两大类：天然聚合物和人工合成聚合物。天然聚合物是自然界的植物及其种子通过微生物发酵而得到的，如纤维素、生物聚合物黄胞胶等。人工合成聚合物是用化学原料经工厂生产而合成的，如聚丙烯酰胺（PAM）和部分水解的聚丙烯酰胺（HPAM）等。

1. 黄胞胶（XG）

生物聚合物黄胞胶（Xanthan）是由黄单胞杆菌培养液进行发酵而产生的生物聚合物，又称黄原胶。黄胞胶的主链为纤维素骨架，其支链比 HPAM 更多，每个链节上有长的侧链，由于侧链对分子卷曲的阻碍，所以它的主链采取较伸展的构象，因此黄胞胶的主要优点是增粘能力强，粘度随温度变化小，耐盐耐剪切。但是黄胞胶分子结构中含有醚键，热稳定性不高，其使用温度一般不超过75℃。由于细菌对生物聚合物会发生生物降解，在使用中必须加入杀菌剂。

2. 部分水解的聚丙烯酰胺（HPAM）

HPAM 的分子结构为

$$-(CH_2-CH)_x-(CH_2-CH)_y-(CH_2-CH)_z- \quad (M = K、Na\ 等)$$
$$\quad\ \ |\qquad\qquad\ \ |\qquad\qquad\ \ |$$
$$\ \ CONH_2\qquad\ COOH\qquad\quad COOM$$

在过硫酸铵作用下由丙烯酰胺合成聚丙烯酰胺（PAM）。反应为

$$nCH_2=CH \xrightarrow{(NH_4)_2S_2O_3} -(CH_2-CH)_n-$$
$$\qquad\ |\qquad\qquad\qquad\qquad\qquad\ |$$
$$\ CONH_2\qquad\qquad\qquad\qquad\ CONH_2$$

聚丙烯酰胺（PAM）可在碱溶液中水解，产生部分水解聚丙烯酰胺（HPAM），反应为

$$-(CH_2-CH)_n- + yH_2O + zNaOH \longrightarrow$$
$$\quad\ |$$
$$\ CONH_2$$

$$-(CH_2-CH)_x-(CH_2-CH)_y-(CH_2-CH)_z- + (y+z)NH_3\uparrow + zNa^+$$
$$\quad\ |\qquad\qquad\ \ |\qquad\qquad\ \ |$$
$$\ CONH_2\qquad\ COOH\qquad\quad COO^-$$

（其中 $x = n - y - z$）

部分水解聚丙烯酰胺在水中发生解离,产生—COO⁻,使整个分子带负电荷,所以部分水解聚丙烯酰胺为阴离子型聚合物。由于部分水解聚丙烯酰胺分子链上有—COO⁻,链节上有静电斥力,在水中分子链较伸展,故增粘性好。

使用时,应防止高矿化度水,以免引起盐敏效应。盐敏效应是指盐含量(矿化度)增加会降低 HPAM 对水的稠化能力的作用。这是因为 HPAM 是阴离子型聚合物,盐中阳离子会中和 HPAM 分子上的—COO⁻,使链节上的斥力下降,空间体积变小,聚合物分子卷曲,增粘能力降低。

第三节 表面活性剂驱

一、表面活性剂驱

1. 表面活性剂驱的分类

表面活性剂驱是指驱油剂为表面活性剂体系的驱油方法,据表面活性剂的作用,把表面活性剂驱分为三类:

(1)表面活性剂稀溶液驱油体系:驱油剂是表面活性剂稀溶液,溶液的浓度较低。表面活性剂稀溶液驱油体系包括活性水驱(浓度小于 CMC)和胶束溶液驱(浓度稍大于 CMC)。

(2)表面活性剂浓溶液驱油体系:驱油剂是表面活性剂浓溶液,表面活性剂的浓度大于 CMC。表面活性剂浓溶液驱油体系包括水外相微乳驱、油外相微乳驱和中相微乳驱,统称为微乳状液驱(微乳驱)。

(3)表面活性剂稳定驱油剂体系:是指表面活性剂起稳定驱油剂作用的驱油体系。这类体系包括泡沫驱和乳状液驱。例如,泡沫驱中表面活性剂(起泡剂)起着稳定气泡的作用,驱油剂是泡沫。

2. 表面活性剂的适用条件

表面活性剂作为驱油剂能提高采收率和油藏的开采速率,但不是所有的表面活性剂都能达到好的效果,作为驱油剂的表面活性剂必须符合下列几个条件:(1)表面活性剂的表面活性要强,在地层中可明显降低油水表面张力。(2)表面活性剂与地层流体配伍性好,不与地层及流体发生化学反应。(3)表面活性剂在岩石表面的吸附量低,以减少表面活性剂的消耗量。(4)廉价易得,以降低表面活性剂驱油的成本。

表面活性剂的消耗量主要取决于表面活性剂的表面活性及其在岩石中的吸附量。表面活性剂有四种类型,其中非离子表面活性剂的驱油效果最好,但成本比较高;阳离子表面活性剂在岩石上吸附量特别高,与地层水的相溶性差,而且毒性大;阴离子表面活性剂有很好的表面活性,在岩石表面吸附量少,因此,油田上用于驱油的活性剂主要是阴离子表面活性剂;而两性表面活性剂很少用于驱油。

二、活性水驱

1. 活性水驱概述

活性水驱是指以浓度小于 CMC 的表面活性剂稀溶液为驱油剂的驱油方法。驱油剂的组成很简单,只有水和表面活性剂,所以活性水驱与注水驱油一样,只是把注入水改为表面活性剂稀溶液。活性水驱是表面活性剂驱中最简单的一种。常用的表面活性剂是阴离子表面活性剂或阴离子表面活性剂与非离子表面活性剂的混合物。

例如,某油田选用非离子表面活性剂配制活性水溶液(浓度为 0.05%),注活性水的采收率为 26.2%,采出液中含水率为 64.1%;而同一地区同一时期注水的采收率为 21.7%,采出液中含水率为 66.6%。可见注活性水比注纯水提高采收率 4% ~ 5%。

2. 活性水驱的作用

活性水驱油的过程中,表面活性剂将吸附在油水界面和岩石表面上,改变油水表面张力和岩石的润湿性,提高洗油效率,使原油的采收率增加。

(1)降低油水表面张力。

油水表面张力 σ 下降,使驱出吸附在岩石表面油膜的粘附功 $W_{粘}$ 减小,油膜易脱落,洗油效率增加(见图 7 - 2)。

据粘附功的计算公式:

$$W_{粘} = \sigma(1 + \cos\theta)$$

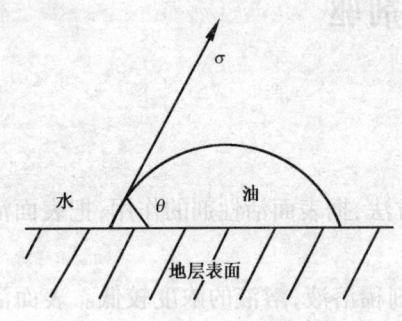

图 7 - 2　粘附功的计算

σ 下降,$W_{粘}$ 减小,油膜脱落,在驱油剂的作用下大量脱落的油膜变为可流动油,这样在地层岩缝中的残余油被驱出,洗油效率增加,采收率提高。

(2)改变地层表面的润湿性。

表面活性剂吸附在地层中,使亲油地层变为亲水地层,吸附在岩石表面的油膜脱落而被驱油剂驱出。一次采油后,原油中的天然表面活性剂吸附在岩石表面,使地层表面呈亲油地层,吸附在地层上的油膜不易脱落。活性水中的表面活性剂吸附在地层表面使地层的亲油性变为亲水性,接触角 θ 变大,使驱出吸附在岩石表面油膜的粘附功 $W_{粘}$ 减小,油膜易脱落,这样吸附在岩石表面的油膜将脱离地层表面而被活性水驱替出来。见图 7 - 3。

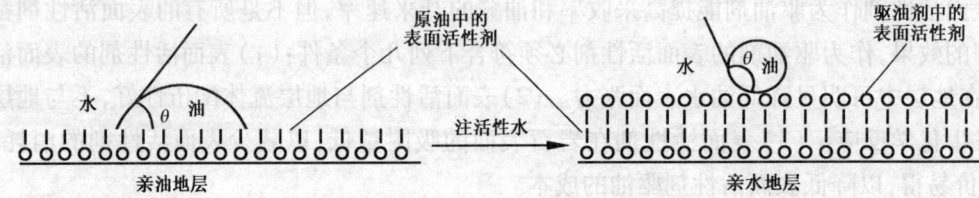

图 7 - 3　地层表面的润湿性变化

(3)提高原油在水中的分散作用。

在活性水中的表面活性剂吸附在油水界面,使原油能在水中分散被乳化,形成水包油型乳状液,阻止原油又回到地层表面,并且在高渗透层段分散相粒子产生叠加的液阻效应(贾敏效应),使水较均匀地在地层推进,提高了波及系数。

(4)增加油珠表面的电性。

当活性水中的表面活性剂为离子型表面活性剂时,能提高油珠表面和岩石表面上的电荷密度,增加油珠与岩石表面之间的静电斥力,使油珠易为驱动,提高了洗油效率。

三、胶束溶液驱

1. 胶束溶液驱概述

当表面活性剂浓度大于 CMC 时,形成的溶液为胶束溶液。胶束溶液驱是用胶束溶液作为驱油剂的化学驱油法,胶束溶液驱属于表面活性剂稀溶液驱油体系。胶束溶液由水、表面活性剂(浓度大于 CMC)和辅助剂组成,辅助剂是无机盐(如氯化钠)和醇(如异丙醇、正丁醇)。在胶束溶液中加入一定量的盐可在油水界面上产生超低表面张力;加入一定量的醇调整了油相和水相的极性,使表面活性剂的亲油性和亲水性得到充分平衡,同样在油水界面上达到超低表面张力。

例如,某油田选用石油磺酸盐作为表面活性剂与辅助剂伯戊醇和氯化钠混合配制胶束溶液,注入后原油产油量从 $3.975 m^3 \cdot d^{-1}$ 提高到 $38.57 m^3 \cdot d^{-1}$,效果比较明显。

2. 胶束溶液驱的作用

与活性水相比,胶束溶液有两个特点:一是表面活性剂浓度超过临界胶束浓度,因此溶液中有胶束存在;另一个是胶束溶液中除表面活性剂外,还加入了辅助剂(醇和盐)。胶束溶液驱具有活性水驱的作用机理,还具有活性水驱没有的作用:

(1)增溶作用。

胶束溶液中有胶束存在,胶束对油具有增溶作用,即使油溶入胶束之中,提高了胶束溶液的洗油效率。

(2)醇、盐的加入,不但使表面活性剂易吸附在水油两相界面上,而且可减少水的极性或增加油的极性,改变表面活性剂的亲油亲水平衡值,从而最大限度地吸附在油水界面上,产生超低表面张力,洗油效率得到了很大的提高。

四、微乳驱

微乳驱是指以微乳液为驱油剂的化学驱油法。微乳液的组成、状态都与活性水、胶束溶液及乳状液不相同,因此微乳驱的驱油作用也有所不同,但其效果是最好的。

1. 微乳液概述

(1)微乳液的组成。

微乳液由主要成分和辅助成分组成。主要成分是水、油和表面活性剂,表面活性剂一般选用阴离子型、非离子型,水可以选用淡水或盐水,油选用柴油、煤油或原油;辅助成分是助表面活性剂和电解质,助表面活性剂选用醇或酚,电解质选用酸、碱、盐,一般使用盐(如氯化钠、氯化钾、氯化铵等)。

助表面活性剂的作用是:① 调整水和油的极性(减小水的极性,增加油的极性)。② 增加胶束的空间,加强胶束对油或水的增溶能力。

电解质的作用是减小表面活性剂的极性部分溶剂化的程度,调节表面活性剂的 HLB 值,使胶束在很低的浓度下形成,使表面活性剂的 CMC 下降,这样可以减少表面活性剂的用量。

(2)微乳液的类型。

微乳液是在表面活性剂形成的胶束溶液中,分散相溶入胶束之中,而胶束又分散在分散介质中形成的分散体系。分散相、分散介质是水和油,因此微乳液分为三种类型:① 水外相微乳液,水溶性表面活性剂、水和油形成的分散体系,但分散相为油,分散介质为水。② 油外相微乳液,油溶性表面活性剂、水和油形成的分散体系,但分散相为水,分散介质为油。③ 中相微乳液:介于水外相微乳液与油外相微乳液之间的一种过渡状态类型。这三种类型的微乳液可以互相转化(见图7-4)。

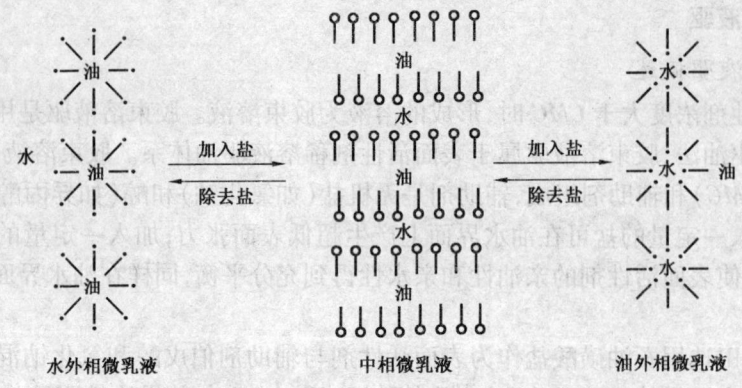

图 7-4 微乳类型的相互转化

(3) 微乳液的特点。

① 能与水、油在一定范围内混溶,形成稳定体系。② 微乳液的胶束空间大,其增溶作用比一般胶束溶液的增溶作用强。③ 微乳液中的油和水是在胶束内外,因此水与油没有界面,不存在表面张力。

2. 微乳驱的作用

微乳液的组成比前面讨论的活性水、胶束溶液复杂,因此微乳驱的驱油机理和活性水驱、胶束溶液驱有所不同,其驱油效果更好。

微乳驱除具有与活性水驱相同的驱油作用,还具有以下作用(以水外相微乳液为驱油剂说明驱油作用):当微乳液与油层接触时,其外相的水与水混溶,而其胶束可增溶油,即油溶入胶束中。微乳液中水与油无界面,无表面张力,不存在毛细管阻力,波及系数提高;与油完全混溶,其洗油效率也很高。当油在微乳液的胶束中增溶达到饱和时,微乳液与油层中的油之间产生界面,但由于表面活性剂的存在,此时驱油机理与活性水相同,但驱油效果比活性水驱好。随着油溶入微乳液的量增加,使胶束转化为油珠,水外相微乳液转变为水包油型乳状液(见图 7-5),而乳状液也是驱油剂,其驱油机理与泡沫驱相同。所以微乳驱的洗油效率远高于水驱、活性水驱和胶束溶液驱的洗油效率。

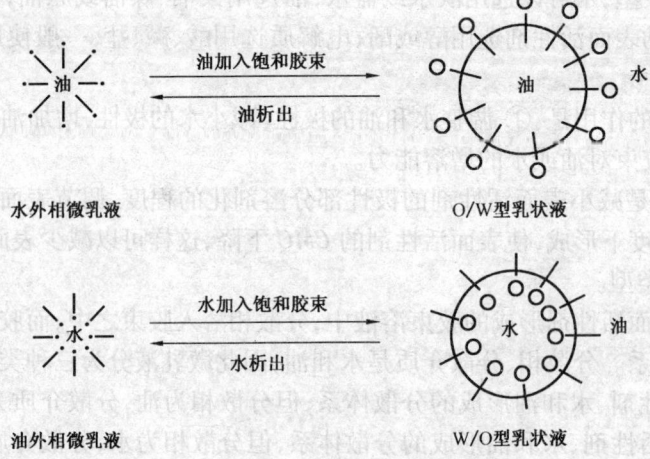

图 7-5 微乳液与乳状液互相转化

五、泡沫驱

1. 泡沫驱概述

泡沫驱是使用泡沫作为驱油剂的化学驱油方法。泡沫由水、气、起泡剂组成,水可选用淡水、盐水,气体可选用氮气、二氧化碳气、天然气等,起泡剂选用阴离子型、非离子型表面活性剂,如烷基磺酸盐、烷基苯磺酸盐、烷基硫酸盐、聚氧乙烯烷基醇醚等。

在地层中形成泡沫的方法有两种:一种是地面发泡,将气体通过浸在起泡剂溶液中的发泡器进行发泡,然后将泡沫注入地层中;另一种是地下发泡,将水、气和起泡剂注入地下,利用孔隙的分散和机械作用,在地层中形成泡沫。形成泡沫的质量高低可用泡沫的特征值说明。泡沫的特征值是指在一定温度和压力下,泡沫流体中的气体体积与泡沫体积之比,用 Γ 表示。可用下式表达

$$\Gamma = \frac{V_{气}}{V_{泡沫}} = \frac{V_{气}}{V_{气} + V_{液}} \tag{7-3}$$

式中 Γ ——泡沫特征值;
$V_{气}$ ——气体体积;
$V_{泡沫}$ ——泡沫体积;
$V_{液}$ ——液体体积。

一般泡沫特征值在 0.52~0.99 之间,泡沫特征值越大,说明泡沫中气泡越多,而泡沫中气泡的多少与驱油效果有关,即泡沫特征值 Γ 与驱油效果有关。

2. 泡沫驱的作用

泡沫驱是通过降低水油流度比和提高洗油效率达到提高采收率。

(1)通过贾敏效应的叠加,产生流动阻力,根据式(7-2),则 κ_W 下降,水油流度比 M_{wo} 下降,驱油剂的波及系数提高,采收率提高。

泡沫通过孔隙喉道时,由于气泡界面变形而对流体产生阻力效应,流动阻力使流体(驱油剂)的有效渗透率降低,水油流度比 M_{wo} 下降,则流体(驱油剂)会渗入低渗透层,提高波及系数。

(2)泡沫的粘度大于水,使水油流度比 M_{wo} 下降,波及系数升高,采收率提高。

当泡沫特征值为 0.52~0.99 时,泡沫属塑性流体,因此泡沫的粘度远比水高,且泡沫特征值越高,粘度越大,水油流度比下降越快,波及系数升高,采收率提高(见图7-6)。

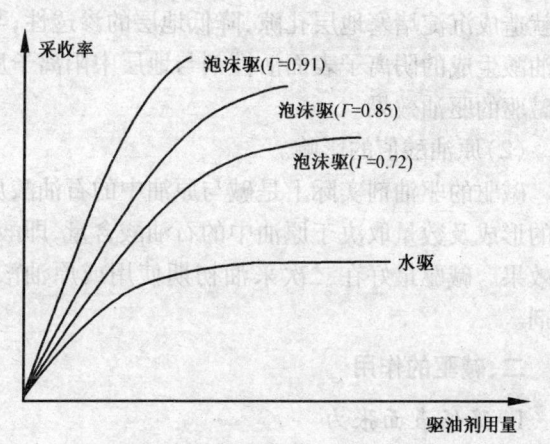

图 7-6 泡沫特征值与采收率的关系

(3)起泡沫是表面活性剂,具有活性水的驱油作用,即能减小油水表面张力,改变地层润湿性,提高洗油效率,提高采收率。

第四节 碱 驱

一、碱驱概述

碱驱是指以碱溶液作为驱油剂的驱油法。碱驱是一种最早使用的驱油方法,碱水比较廉价,注碱水驱油的操作比较简单。常用的碱是 NaOH、KOH、NH$_3$H$_2$O 以及在水中显碱性的盐如 Na$_2$CO$_3$、NaHCO$_3$ 等。碱溶液之所以能驱油是因为碱与原油中的石油酸发生反应生成了表面活性剂。

1. 碱与石油酸的反应

　　　　碱 + 原油中的石油酸(—COOH) ⟶ 阴离子表面活性剂

例如　　R—COOH(脂肪酸) + NaOH ⟶ R—COONa + H$_2$O

　　　　环烷烃基—COOH(环烷酸) + NaOH ⟶ 环烷烃基—COONa + H$_2$O

　　　　胶质—COOH(胶质酸) + NaOH ⟶ 胶质—COONa + H$_2$O

沥青酸等都能与碱反应生成相应的阴离子表面活性剂,如果加入盐(如 NaCl)还能调节阴离子表面活性剂的亲水亲油平衡值(HLB 值可以利用加入的盐改变)。

2. 影响碱驱的因素

(1)地层组成的影响。

当地层中含有大量阳离子如 Ca^{2+}、Mg^{2+} 等时,碱与阳离子反应生成不溶于水的氢氧化物沉淀,反应为

$$Ca^{2+} + OH^- \longrightarrow Ca(OH)_2 \downarrow$$

$$Mg^{2+} + OH^- \longrightarrow Mg(OH)_2 \downarrow$$

这就造成沉淀堵塞地层孔隙,降低地层的渗透性;与地层阳离子反应会消耗大量的碱;若碱与石油酸生成的阴离子表面活性剂与地层中阳离子反应,消耗阴离子表面活性剂的量,则严重影响碱驱的驱油效果。

(2)原油酸值的影响。

碱驱的驱油剂实际上是碱与原油中的石油酸反应生成的阴离子表面活性剂,而表面活性剂的形成及数量取决于原油中的石油酸含量,即酸值大小。因此,原油酸值大小影响碱驱的驱油效果。碱驱最好在二次采油初期使用或原油酸值高地层使用,这样能形成较多的表面活性剂。

二、碱驱的作用

1. 降低表面张力

碱与石油酸生成的阴离子表面活性剂吸附在油水界面上使表面张力降低,使驱出吸附在岩石表面油膜的粘附功下降,油膜易脱落,驱油剂流动的毛细管阻力下降,洗油效率提高。

2. 地层的润湿性发生反转

碱与石油酸生成的阴离子表面活性剂吸附在地层表面,改变地层表面的润湿性。一次采油后由于原油中的表面活性剂使地层表面为亲油地层,注入碱水后形成的阴离子表面活性剂又使地层表面的润湿性由亲油性转变为亲水性,水变为润湿相,毛细管阻力变为推力,驱油剂

在毛细管力作用下进入渗透性差的地层,将地层内的残余油驱出,提高波及系数,也提高了洗油效率。

3. 乳化和携带作用

碱与石油酸生成的阴离子表面活性剂使地层内的残余油乳化,形成水包油乳状液。在流动过程中,若遇到比乳状液分散相液滴还要小的孔隙,分散相液滴将被捕获,从而产生贾敏效应,抑制了碱水驱油剂的有效渗透率,使水油流度比减小,波及系数提高;若遇到比乳状液分散相液滴要大的孔隙,这些乳状液分散相液滴被携带进入连续流动的碱性水相中,残余油以非常细小的乳化液随水一起流出,使洗油效率提高。

第五节 复 合 驱

一、复合驱

1. 复合驱的概念

复合驱是指两种或两种以上驱油成分组合起来的化学驱油方法。对于聚合物驱、表面活性剂驱及碱驱等驱油方法各有其特点,也有不利之处,如聚合物驱,虽然能大大提高驱油剂的波及系数,但不能提高洗油率;而表面活性剂驱虽然洗油效率高,但用量太大,并且对非均质地层的波及系数小;碱驱受地层的影响很大,碱与岩石相互作用大量消耗,在地层中难于控制碱的浓度范围,并且酸值较大的原油的粘度一般都比较高,要降低水油流度比较困难。所以用化学驱油法提高采收率时,常常把两种或两种以上化学驱油剂一起使用,即复合驱。

2. 复合驱的类型

化学驱油法中聚合物驱、表面活性剂驱及碱驱的驱油剂分别为聚合物、表面活性剂和碱,复合驱是指按不同的方式将驱油成分组成各种驱油方法,如碱和聚合物组成的驱油方法称为稠化碱驱或碱强化聚合物驱,表面活性剂和聚合物组成的驱油方法称为稠化表面活性剂驱或表面活性剂强化聚合物驱等。

设用 P、A、S 分别表示聚合物、碱、表面活性剂,复合驱分为二元复合驱和三元复合驱。二元复合驱的驱油剂成分有两种,其中一种成分是主要驱动液,另一种是辅助剂。分类如下:

(1) 碱和聚合物组成的二元复合驱 $\begin{cases} PA\ 复合驱(稠化碱驱) \\ AP\ 复合驱(碱强化聚合物驱) \end{cases}$

(2) 碱和表面活性剂组成的二元复合驱 $\begin{cases} AS\ 复合驱(碱强化表面活性剂驱) \\ SA\ 复合驱(表面活性剂强化碱驱) \end{cases}$

(3) 聚合物和表面活性剂组成的二元复合驱 $\begin{cases} PS\ 复合驱(稠化表面活性剂驱) \\ SP\ 复合驱(表面活性剂强化聚合物驱) \end{cases}$

(4) 聚合物、表面活性剂和碱组成的 ASP 三元复合驱。

二、复合驱的作用

复合驱的驱油效果比单一成分驱油效果好,三元复合驱比二元复合驱的驱油效果好。这是因为复合驱是几方面因素共同作用的结果,即进一步降低表面张力、较好的水油流度比控制和减少化学剂的吸附。

1. 二元复合驱的作用

PA 复合驱的驱油剂由碱和聚合物组成,以碱溶液为主要溶液,聚合物为辅助剂。PA 复合驱的作用与碱驱相同,加入聚合物使驱动液的粘度增加,降低碱溶液对油的流度比,增加了波及系数。AP 复合驱的驱动液是以聚合物为主要溶液、碱为辅助剂的溶液,其作用与聚合物驱相同,加入碱使驱动液的洗油效率增加。

同样 AS 复合驱、SA 复合驱、PS 复合驱和 SP 复合驱都具有主要成分的驱动作用,同时还具有辅助剂的作用。

2. ASP 三元复合驱的作用

ASP 三元复合驱的作用是碱、表面活性剂及聚合物协同效应的结果,在降低表面张力、水油流度比控制和减少化学剂的损失方面取得了很好的效果。

(1)降低表面张力。

与单一的驱油法、二元复合驱相比,ASP 三元复合驱具有更强的降低表面张力的作用。ASP 三元复合驱的驱油剂中表面活性剂与碱具有良好的协同效应,能降低表面张力至 $10^{-3}\text{mN} \cdot \text{m}^{-1}$,并且可保持长时间的低张力驱动过程,且对低酸值的陆相生成的中等原油的地层也适用。这是由于水溶性聚合物能够保护表面活性剂,使其不与 Ca^{2+}、Mg^{2+} 等高价阳离子反应,而使活性剂失去表面活性。同时,表面活性剂和水溶性聚合物在油水界面上均有一定程度的吸附,形成混合吸附层,使表面张力降得更低。水溶性聚合物增加驱动液的粘度,使驱动液流动速率减慢,能保持长时间的低张力驱动过程。

(2)水油流度比控制。

ASP 三元复合驱中驱油剂的粘度高,其流度降低,使水油流度比控制在较低的范围,提高了波及效率及驱油效率。在 ASP 体系中,表面活性剂和碱有效地保护了聚合物不受高价阳离子的影响,使聚合物的增稠能力不变。

(3)减少化学剂的损失。

与单一的驱油法、二元复合驱相比,ASP 三元复合驱能明显地降低化学剂的吸附滞留以及反应等损失,这样能降低成本,更好发挥各化学剂的驱油作用。

① 降低碱耗。在碱驱中碱耗严重影响驱油效果,引起碱耗的原因是碱与地层矿物及地层盐水反应,减少与原油的酸性组分反应。在 ASP 三元复合驱中,表面活性剂的加入,可使用具有中等 pH 值缓冲碱体系,避免使用硅酸钠(Na_3SiO_4)、氢氧化钠($NaOH$)等强碱带来的严重碱耗问题,也可以满足表面活性剂要求的 pH 值范围。

② 降低聚合物、表面活性剂的吸附滞留损失。在聚合物驱、表面活性剂驱中聚合物和表面活性剂在地层的吸附虽然可提高波及系数、降低表面张力,但吸附滞留的损失很大,使驱油成本很高。在 ASP 三元复合驱中,价格较低的碱溶液可以改变岩石表面的电荷性质,以减少价格较高的表面活性剂和聚合物的吸附、滞留损失,降低驱油成本。而且有碱存在时,溶液 pH 值较高,使岩石表面的负电荷量较多,可减少带阴离子表面活性剂的吸附,降低表面活性剂的吸附滞留损失。

单一的驱油法、二元复合驱总存在各种问题,使其驱油效果不理想,因此对 ASP 三元复合驱的研究及其应用越来越重视,相信驱油效果好、化学剂用量少、驱油成本低的三元复合驱可望在油田得到应用。

习 题 七

1. 名词解释：采收率、波及系数、洗油效率、流度、水油流度比。
2. 微乳状液由什么物质组成？其类型有哪些？
3. 活性水驱油的原理是什么（用公式解释）？
4. 聚合物驱时，为什么聚合物可以减少水油流度比？
5. 提高波及系数和洗油效率都可以增加采收率。试说明聚合物驱、活性水驱、泡沫驱是通过什么途径提高采收率的？
6. 由于气阻效应，半径为 0.02cm 的气泡通过最小半径为 0.002cm 的毛细孔时会产生阻力，计算一个这样的气泡所产生的阻力，如果气泡通过 1500 个毛细孔，其阻力又是多少？
7. 什么是三元复合驱？有何优势？
8. 聚合物驱、活性水驱及碱驱在驱油中存在的最大问题是什么？

第八章 集输化学

第一节 原油的破乳处理

我国大多数油田已经进入开发后期，采出的原油含有大量的水（地层水、注入水），对于"双高"油田（高含水、高采出程度），采出的原油含水量可达到80%以上。由于原油本身含有一定量的表面活性剂，化学驱油过程中又加入一定量的表面活性剂，再加上机械的作用（如采出液经抽油机、喷油嘴、弯头、阀门等的作用），使油与水形成乳状液，即乳化原油。由于乳化原油中含水量很高，不仅会增加泵、管线和储罐的负荷，而且会引起金属表面腐蚀和结垢，因此乳化原油外输前必须将水脱出（即为破乳）。

一、乳化原油

1. 乳化原油的类型

乳化原油就是指原油和水形成的乳状液，因此乳化原油分成两种类型：

(1) 油包水乳化原油（W/O 型乳化原油）。

油为分散介质、水为分散相的乳状液，一次采油和二次采油初期所采出的乳化原油主要为油包水乳化原油（原油含量高）。

(2) 水包油乳化原油（O/W 型乳化原油）。

水为分散介质、油为分散相的乳状液，油田开发中后期采出的乳化原油主要为水包油乳化原油（原油含水量高）。

2. 乳化原油的稳定机理

乳化原油能稳定是因为乳化原油中存在乳化剂。

(1) 油包水乳化原油的乳化剂主要来源于两个方面：一是原油中的活性石油酸（如沥青质颗粒）；二是亲油性固体颗粒（如微晶蜡颗粒、沥青颗粒）。

因为原油中总是含有一定量的沥青质酸、蜡，随着原油采出地面，温度降低，使沥青质固体颗粒和蜡析出，这些物质对水、油形成的乳状液起着乳化剂的作用。

(2) 水包油乳化原油的乳化剂主要来源于三个方面：一是原油中的活性石油酸与碱（碱驱中加入的碱）产生的碱金属盐；二是表面活性剂驱产生的水溶性表面活性剂；三是地层中的粘土产生的水湿性固体颗粒。

二、乳化原油的破乳

乳化原油中含水所造成的危害是很大的，主要有：增加原油的储存、输送、炼制过程的设备的负荷；引起设备、管道的腐蚀和结垢；使原油的质量下降。因此原油在外输之前必须破乳，破乳就是破坏乳化原油，使油水分离、将水脱去的过程。

1. 破乳的方法

使乳化原油的油水分离的方法常有三种：热法、电法及化学法。

(1) 热法：用加热的方法破坏乳化原油，使油水分离。因为温度升高会产生以下两个作用:一是乳化剂在油水界面上的吸附量降低;二是乳化剂的溶剂化降低,使分散介质的粘度下降,这样有利于分散相的聚结与分层。

(2)电法:指在高压电场作用下破坏乳化原油,使油水分离。乳化剂在界面的吸附层发生变化,使部分油水界面不被保护,从而分散相聚结分层。

(3)化学法:指用破乳剂破坏乳化原油使油水分离。在油田最常用的破乳方法是化学法,因此破乳剂的用量很大。破乳剂就是能破坏乳化原油使油和水分离的化学剂。由于乳化原油有两种类型,因此破乳剂也有两种类型,下面专门讨论破乳剂。

2. 油包水乳化原油的破乳剂

油包水乳化原油的破乳剂种类很多,如早期的低分子阴离子型表面活性剂(如脂肪酸盐型、硫酸酯盐型、磺酸盐型),后来的低分子非离子型表面活性剂(如 OP 型、平平加型、吐温型)以及目前最常用的高分子非离子型表面活性剂。这三种类型的破乳剂的破乳机理基本相同。

破乳剂的破乳机理:破乳剂在油包水乳化原油的油水界面上将乳化剂挤走形成易破裂的界面膜;破乳剂对油包水乳化原油的油水界面膜有很强的溶解能力,使油水界面膜破裂;破乳剂具有反相作用,使油包水反相成水包油,在反相过程中,乳化膜被破坏,这是因为破乳剂具有比乳化剂更高的活性。对于高分子非离子型表面活性剂的破乳剂还能同时吸附多个水珠(分散相粒子)在界面上,使水珠聚结,达到破乳的作用;由于高分子非离子型表面活性剂易形成胶束,对乳化剂具有增溶作用,使乳化剂形成膜被溶解达到破乳的作用。所以,高分子非离子型表面活性剂破乳剂的效果最好。

3. 水包油乳化原油的破乳剂

水包油乳化原油常使用四类破乳剂:电解质(如盐酸、氯化钠、氯化镁、氯化钙、硝酸铝等)、低分子醇(如甲醇、乙醇、丙醇等)、表面活性剂和聚合物。不同类型的破乳剂具有不同的破乳机理。

破乳剂的破乳机理:

(1)电解质通过减少油珠表面的电性,增加油珠聚结。因为电解质可以压缩油珠表面的扩散双电层,使界面上的电性减小,使分散相粒子(油珠)间的排斥力减小而易于聚结。

(2)低分子醇能改变油水相的极性,使乳化剂从一相转移到另一相,使乳化膜破坏,油珠聚结。

(3)阳离子表面活性剂与乳化剂反应,使油水表面的乳化膜破裂,油水分层;阴离子表面活性剂使油水表面形成不牢固膜;非离子表面活性剂能抵消乳化剂在表面的作用。

(4)聚合物通过桥接油珠,使油珠聚结,使之破乳。

三、现场原油破乳应用案例

当前国内大部分油田已进入开发后期,由于大量使用了表面活性剂,使采出的原油不再是简单的油包水、水包油乳化原油,而是油与水形成的综合油水微乳液状态,一般的破乳剂难以使这种微乳液状态原油中的水脱出,这需要高效的破乳剂。

目前国内油田较多采用聚氯乙烯与聚氯丙烯的嵌段共聚物或无规共聚物等高分子,这种类型的破乳剂具有较活泼的表面活性,例如,加入破乳剂的浓度为 $50\sim400\text{mg}\cdot\text{L}^{-1}$ 时,可使原油的表面张力由 $23\sim30\text{mN}\cdot\text{m}^{-1}$ 降至 $2\sim4\text{mN}\cdot\text{m}^{-1}$,这表明它们具有强烈的吸附性能,在很低的浓度下也能将原油中的油水界面上的乳化剂置换出来,但由于它们形成的界面膜的强度一般很差,因而导致油包水或水包油乳化原油破乳。下列是新型高效 XIN 系列破乳剂的现场应用。

1. 破乳剂现场应用案例1

某油田脱水站的原油脱水系统主体工艺采用压力式密闭脱水流程,为热化学脱水工艺,设计处理量规模为27000m³·d⁻¹,目前实际处理量为16000~18000m³/d。

XIN-1破乳剂与现场常用药剂PRU-6的对比效果见表8-1。

表8-1 XIN-1破乳剂与PRU-6破乳剂的脱水试验数据

分离器序号	药名	不同时间(min)脱水量,mL						水色	界面	2h脱水率,%	脱前含水率,%	脱后含水率,%
		15	30	45	60	90	120					
1	PRU-6	0	3.5	11	12	13	13	清	齐	72.2	36	4
	XIN-1	0.5	10	15	15	16	17	清	齐	94		1.6
2	PRU-6	0.5	1	1.5	3	4	7.5	清	齐	75	20	7
	XIN-1	0.5	1.5	2	5	6.7	8	清	齐	81		2.4
3	PRU-6	1	6	11.5	12	12	12	清	齐	77.4	31	10
	XIN-1	1	6	11.5	12	13	13	清	齐	83.9		7

从表中可以看出XIN-1破乳剂比PRU-6现场药剂脱水速率均快,并且脱后含水少。

2. 破乳剂现场应用案例2

XIN-2破乳剂与油田常用破乳剂(HUAF破乳剂、LIHO破乳剂、DBER破乳剂、YOUQ破乳剂)的对比试验数据见表8-2。

表8-2 XIN-2破乳剂与油田常用破乳剂的脱水试验数据

序号	药名	不同时间脱水量,mL						3h脱水率,%	备注
		15min	30min	60min	90min	2h	3h		
1	HUAF	0	0	2	5.5	10	16	62.0	挂壁,界面不太齐,透明
2	LIHO	0.5	0.5	1	6	13	17.5	77.8	淡黄,透明
3	DBER	0.5	1.5	7.5	16.5	19.5	21	82.4	挂壁,界面不齐,不透明
4	YOUQ	0	0	3	5.5	11	16.5	73.3	挂壁,界面不齐,不透明
5	XIN-2	1	2	16	19	21.5	22.5	88.2	微黄,透明

表8-2说明XIN-2破乳剂与油田常用的破乳剂对比,脱水速率快、脱后含水少,并降低了现场破乳温度。

第二节 天然气处理

一、天然气

自20世纪90年代以来,陆上形成了三个新气区:塔里木盆地、鄂尔多斯盆地及柴达木盆地;一个老气区获得了新发展,即四川盆地。近海形成了两大气区:莺歌海—琼东南盆地、东海盆地。据专家分析,我国的天然气产量增长空间很大,到2010年可达1000亿立方米,到2030年之前仍会处于增长期。2020年之后,我国将逐步形成油、气当量二分天下的格局。因此,对天然气的处理技术应引起高度的重视。

1. 天然气的组成及分类

天然气是埋在地下的一种以饱和烃为主要成分的可燃气体混合物,据来源不同,天然气分为伴生气和非伴生气。伴生气是指伴随原油共生,与原油同时被采出的油田气;非伴生气包括纯气田天然气、凝析气田天然气,纯气田天然气产于纯气田,而凝析气田天然气从地层流出井口后,随着压力和温度下降,分离为气液两相,气相是凝析气田天然气,液相是凝析液,叫凝析油。据天然气蕴藏状态不同,天然气又可分为构造性天然气、水溶性天然气、煤矿天然气等三种。而构造性天然气又可分为伴随原油出产的湿性天然气、不含液体成分的干性天然气。

对已开采的世界各地区的天然气分析发现,不同地区、不同类型的天然气,所含的组分是不同的,经过统计分析,各类天然气包含的组分有100多种,主要组分包括烃类、硫化物、二氧化碳等。

(1)烃类:$C_1 \sim C_4$ 的烷烃,以甲烷为主,其次是乙烷、丙烷、丁烷,甲烷占70%~90%,1%以下是不饱和烃。

(2)硫化物:无机硫化物(H_2S)、有机硫化物(二硫化碳 CS_2、硫醇 RSH、硫醚 RS)。无机硫化物就只有 H_2S,是一种酸性气体,当有水存在时会形成氢硫酸,在输送过程中对管道有腐蚀作用。H_2S 含量不超过 1.5%,而有机硫化物含量极少。

(3)其他组分:CO_2、CO、N_2、He、Ar 及 H_2O 等气体,其含量不超过 10%。其中 CO_2、N_2 为主,H_2、He、Ar 占其他组分的 10% 以下。

天然气中一般有水蒸气,其含量随开采油田(气田)的具体情况而定。

由于从地下开采出的天然气温度会下降,因此水蒸气会冷凝而析出水,这不但会影响采输还会与 H_2S、CO_2 形成酸,对管道及输送设备产生腐蚀作用。

从上面的分析可知,在天然气输送之前应对天然气进行处理,即除去天然气中的水蒸气(水分)及酸性气体(CO_2、H_2S),否则会影响采输。

2. 天然气的性质

天然气蕴藏在地下多孔隙岩层中,相对密度约 0.65,比空气轻,具有无色、无味、无毒的特性。天然气在空气中含量达到一定程度后会使人窒息。

若天然气在空气中浓度为 5%~15%,则遇明火可发生爆炸,这个浓度范围即为天然气的爆炸极限。爆炸在瞬间产生高压、高温,其破坏力和危险性都很大。

二、天然气的处理

天然气中含有一定量的水蒸气,水蒸气冷凝后与 H_2S、CO_2 等酸性气体形成酸性溶液,对输送管道产生严重腐蚀。在一定条件下,天然气与水生成水合物堵塞管道;在低温时,水蒸气结冰也会堵塞管道,如北方的冬天及低温分离天然气都会产生这样的情况。因此,必须对天然气进行脱水、脱酸性气体等处理。

1. 天然气脱水

天然气的含水量难以准确说明。天然气在地层中长期与水接触(水来源于注入水、边水和底水),一部分天然气溶于水中,水蒸气也进入天然气之中,所以开采了的天然气均含有一定量的水分。

(1)天然气的含水量。

天然气的含水量就是指天然气中水汽的含量。含水量与压力、温度有关,通常表示天然气含水量的方法有三种:绝对湿度、相对湿度、水露点。

① 绝对湿度是指单位体积天然气中所含水蒸气的质量,单位是 $g \cdot m^{-3}$,用 E 表示。

② 相对湿度。相对湿度的定义需先定义饱和含量。

在一定的温度、压力条件下,当天然气的含水量达到某一最大值时,就不会再增加,这时,天然气中的水蒸气达到了饱和,即达到水汽平衡时,天然气的含水量就称为水蒸气的饱和含量。

$$水(液体) \xrightleftharpoons{T,p} 水汽(天然气)$$

饱和含量是指在一定温度、压力下,天然气与水达到相平衡时,单位体积天然气中所含水蒸气的质量(即水汽饱和时的绝对湿度),用 E_s 表示,单位为 $g \cdot m^{-3}$。

相对湿度是指相同温度、压力下,天然气的绝对湿度与饱和含量之比,即相对湿度 = E/E_s。

③ 水露点。

在一定压力下,将天然气降温,天然气的含水量就可能由较高温度时的饱和含量变为某一较低温度时的饱和含量,此时天然气中开始凝析液态水,随着温度降低,天然气中的水汽会不断凝析出来,把刚析出水(露珠)时的温度称为水露点。

水露点是指在一定压力下,天然气为水汽饱和时的温度(即刚有一滴露珠出现时的温度),不同油(气)田天然气的含水量不同,因此对应的水露点也会不同。一般天然气的含水量下降,水露点下降,在天然气的输送中,水露点必须比输气管道沿线环境低 5~15℃,否则水汽会在输气管道凝析成液体。

(2)天然气脱水法。

① 降温法:水的饱和含量随温度下降而减少,因此可采取降温的方法脱水。降低天然气的温度,会析出冷凝出的水,这样可达到脱水的目的。

② 吸附法:指用吸附剂脱除天然气中水蒸气的方法。脱水的能力取决于吸附剂的选择。吸附剂最好选择比表面积大、孔隙度大、对水有选择性、稳定性好(化学、热稳定性)且可再生的固体物质。常用的吸附剂有氧化铝、硅胶和分子筛等。

③ 吸收法:指用吸收剂脱去天然气中水蒸气的方法。这个方法与吸附法不同,吸附法是利用固体对水蒸气具有吸附作用,而吸收法是利用水能溶解在某些液体(溶剂)中而除去水的方法。吸收剂应该对水的溶解度大、对天然气的溶解度低、稳定性好(化学、热稳定性)、易再生使用等。常用的吸收剂是甘醇(二甘醇、三甘醇等)。

2. 天然气脱酸性气体

酸性气体(CO_2、H_2S 等)的存在会使输送管道及设备的腐蚀加重,CO_2、H_2S 本身也是环境的污染物,在加工过程中 H_2S 还会引起催化剂中毒。以四川达州地区气田为例,该地区天然气田属含硫甚至高含硫气田,90%以上天然气都含硫化氢,有的气井硫化氢含量高达 17% 以上,其中罗家寨、渡口河、铁山坡气田硫化氢含量为 9.5%~17%,因此必须进行天然气脱酸性气体的处理。

(1)吸附法:指用吸附剂脱去酸性气体的方法。据吸附作用不同将吸附剂分为化学吸附剂和物理吸附剂。

① 化学吸附剂是指吸附时与酸性气体发生化学反应的吸附剂。例如海绵铁(主要成分是 Fe_2O_3),吸附反应为

$$2Fe_2O_3 + 6H_2S \longrightarrow 2Fe_2S_3 + 6H_2O$$

再生使用时
$$2Fe_2S_3 + 3O_2 \longrightarrow 2Fe_2O_3 + 6S$$

② 物理吸附剂是指物理吸附脱去酸性气体的吸附剂。常用的是耐酸分子筛。

分子筛是结晶态的硅酸盐或硅铝酸盐,由硅氧四面体或铝氧四面体通过氧桥键相连而形成,分子尺寸大小(通常为 0.3~2.0nm)的孔道和空腔体系(见图 8-1),这些微小的孔穴直径大小均匀,能把比孔穴直径小的分子吸附到其内部,而把比孔穴直径大的分子排斥在外,因而能把形状和直径大小不同的分子、极性程度不同的分子、沸点不同的分子、饱和程度不同的分子分离开来,即具有"筛分"分子的作用。

分子筛可以吸附天然气中的水汽和酸性气体。

(2)吸收法:指用液体吸收剂吸收酸性气体的方法。与吸附法相同,据吸收作用不同将吸收剂分为化学吸收剂和物理吸收剂。

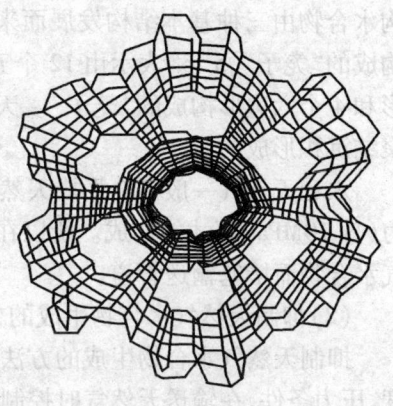

图 8-1 分子筛的晶体结构

① 化学吸收剂是指吸收时与酸性气体发生化学反应的吸附剂。即

$$吸收剂 + 酸性气体(CO_2、H_2S\ 等) \longrightarrow 化合物$$

这样就除去了天然气中的酸性气体。常用的吸收剂有醇胺、氢氧化钠等。

例如一乙醇胺在低温时吸收酸性气体,在高温时又能把吸收的酸性气体释放出,相应反应为

$$2HOCH_2CH_2NH_2 + H_2S \underset{高温(>150℃)}{\overset{低温(25~40℃)}{\rightleftharpoons}} (HOCH_2CH_2NH_3)_2S$$

$$HOCH_2CH_2NH_2 + RSH \underset{高温(>150℃)}{\overset{低温(25~40℃)}{\rightleftharpoons}} HOCH_2CH_2NH_3SR$$

$$2HOCH_2CH_2NH_2 + CO_2 + H_2O \underset{高温(>150℃)}{\overset{低温(25~40℃)}{\rightleftharpoons}} (HOCH_2CH_2NH_3)_2CO_3$$

氢氧化钠溶液也可吸收酸性气体,但氢氧化钠溶液吸收后不能再生使用,吸收反应为

$$H_2S + 2NaOH \longrightarrow Na_2S + 2H_2O$$

$$2CO_2 + 2NaOH \longrightarrow Na_2CO_3 + 2H_2O$$

② 物理吸收剂是指可以溶解酸性气体的吸收剂。

目前,在天然气的开发过程中,特别是对高含硫气田的开发,主要采用世界上最先进的自动控制技术对天然气进行脱硫、硫黄回收及尾气处理,硫黄回收率可达到 99.8% 以上,硫黄纯度可达 99.99%。

3. 天然气水合物生成的抑制

由于天然气中含有水,因此,在一定条件下(如低温、低压下)天然气与水会形成水合物,从而堵塞管道。

(1)天然气水合物。

天然气水合物是一种由水分子和碳氢气体分子(主要是甲烷)组成的结晶状固态简单化合物。结晶体是水分子之间通过范德瓦尔斯力形成的多面体"笼子"状立体结构,天然气中的烷烃分子(如甲烷分子)也由范德瓦尔斯力进入"笼子"内形成晶体结构。这种多面体"笼子"状的晶体结构水合物有三种:H型结构水合物、I型结构水合物和II型结构水合物。这三种结构水合物由三种基本结构发展而来,三种基本结构为:5^{12}、$5^{12}6^2$、$5^{12}6^4$,5^{12}表示由12个五边形构成的"笼子",$5^{12}6^2$表示由12个五边形和2个六边形构成的"笼子",$5^{12}6^4$表示由12个五边形和4个六边形构成的"笼子"。天然气水合物就是由这些"笼子"状的晶胞组成的微晶长大聚结沉积形成的。

水和天然气一般不会形成天然气水合物,只有在较低的温度(约为0~10℃)、足够高的压力(>10MPa)下才能形成。所以在寒冷地带天然气的输送过程中水和天然气容易形成天然气水合物而堵塞输送管道。

(2)抑制天然气水合物生成的方法。

抑制天然气水合物生成的方法有三种:一是调节温度和压力,根据形成天然气水合物的温度、压力条件,在输送天然气时控制温度和压力;二是减少天然气含水量,水的含量过低不能形成天然气水合物;三是加入抑制天然气水合物生成的化学剂(抑制剂),使在管道中不能形成天然气水合物。

常用的抑制剂有醇类(如甲醇、乙醇、乙二醇等)、表面活性剂(如烷基苯磺酸盐、聚氧乙烯苯酚迷等)和水溶性聚合物(如羟乙基纤维素等)。

抑制剂的作用:醇与水互溶,在醇水溶液中难于形成天然气水合物晶核,就不能形成天然气水合物晶体;表面活性剂吸附在天然气水合物微晶表面上,使水合物微晶不能长大形成晶体;水溶性聚合物分子的亲水链节与天然气水合物晶体连接,虽然不能影响晶体的长大,但能阻止晶体间的聚结沉积以免堵塞管道。

第三节 原油的输送

一、影响原油流动性的因素

原油在输送的过程中会因为原油的凝点和阻力而失去流动性,尤其在寒冷地带以及长距离的原油输送更为严重,因此,降低原油的凝点和减小原油的流动阻力是原油输送必须解决的问题。

1. 原油的凝点

原油的凝点是指在规定的试验条件下原油失去流动性的最高温度。原油是混合物不是纯净物,没有一定的凝点。纯物质(化合物、单质)有一定的凝固点,即在冷却过程中,当出现结晶时,温度恒定,即纯物质的凝点是恒定的,但原油不是纯物质,在冷却过程中随温度不断下降,固体物质不断析出,温度不是恒定的,所以人们只能在规定的条件下确定原油失去流动性的温度,作为原油的凝点,如常见的规定条件是将原油装入试管中,并倾斜45°,经过1min液面仍无移动的最高温度(失去流动性的最高温度),就是原油的凝点。原油凝点的高低说明了原油流动性的强弱,而原油流动性又直接与输送相关,所以希望原油的凝点越低越好,即原油的凝点上升,原油的流动性下降,原油的凝点下降,原油的流动性上升。在管道输送原油时,原油的凝点越低越有利于原油的输送,这就是原油的降凝输送。

影响原油凝点的因素主要有以下两点。

(1)原油蜡含量。

我国大部分油田的原油蜡含量在20%(质量分数)左右,有的高达40%。石蜡在低温下结晶会妨碍原油流动,严重时还会堵塞管线。石蜡是$C_{17} \sim C_{70}$的一系列正构烷烃,其中$C_{20} \sim C_{30}$的烷烃含量最多,不溶于水易溶于芳香烃(如苯、甲苯),熔点为48~62℃。当原油温度下降时,蜡会析出,从而影响原油的流动性,因此凝点会升高。原油的蜡含量高低影响原油的凝点高低,原油蜡含量上升,原油的凝点上升,表8-3是我国原油的凝点与蜡含量统计结果。

表8-3 原油的凝点与蜡含量的关系

蜡含量(质量分数)	2%~5%	5%~10%	10%~20%	20%~30%	>40%
原油凝点	<10℃	10~20℃	20~30℃	30~40℃	>40℃

例如,克拉玛依油田的原油蜡含量2%时,其凝点约为-50℃;江汉油田的原油蜡含量10.7%时,其凝点约为26℃;渤海油田的原油蜡含量21%时,其凝点约为32℃。

可见原油蜡含量与凝点密切相关,因此按凝点高低将原油分为三类:

① 低凝原油,指凝点低于0℃的原油,一般原油的蜡含量小于2%(质量分数)。

② 易凝原油,指凝点在0~30℃的原油,一般原油的蜡含量在2%~20%,又称为成熟原油。

③ 高凝原油:指凝点高于30℃的原油,一般原油的蜡含量大于20%,又称为高成熟原油。

(2)原油的粘度。

有些原油蜡含量并不高,当温度降低时虽然没固体析出,但流动性很差,其凝点较高,这是因为原油中含环状结构的分子多,即使在低温下,分子间的摩擦力(内摩擦)大,原油粘度高,因此其凝点也会高。所以原油的粘度上升,原油的凝点上升。

温度对原油的粘度影响很大,因为温度越高分子的热运动越剧烈,则粘度会下降,尤其是对易凝原油、高凝原油的影响更大。

2. 原油的流动阻力

(1)流体的流动类型。

流体在流动过程中由于流体内部的摩擦力(粘度),使流体在流动过程存在阻力,这就必然存在能量损失,流体的流动类型不同,其能量损失也是不同的。流体的流动类型分为两种:层流(滞流)和湍流(紊流)。

① 层流是指流体各质点是彼此平行地分层流动,互不干扰混杂的流动。其特点是流体质点是直线运动,流动方向不变;流动阻力来源于流体本身粘度(μ)。流体的粘度升高,流动阻力上升。

② 湍流是指流体各质点的运动不规则,互相混杂的流动。其特点是流体质点的流动方向不断变化;流动阻力来自于流体本身的粘度及流体流动时产生的涡流粘度(e)。流体的粘度μ上升,涡流粘度e上升,则流动的阻力上升。

流体的流动类型与流速、粘度、密度有关,雷诺数Re的大小能说明流体的流动类型

$$Re = dv\rho/\mu \tag{8-1}$$

式中 v——流体的平均流速,$m \cdot s^{-1}$;

d——管道的内径(直径),m;

ρ——流体的密度，$kg \cdot m^{-3}$；

μ——流体的粘度 $Pa \cdot s$。

当 $Re \leqslant 2000$ 时，流体流动是层流，$Re \geqslant 4000$ 时流体流动是湍流，$2000 < Re < 4000$ 时，流体流动是过渡型，可能是层流，也可能是湍流。

(2)流动阻力。

原油在流动中，无论是层流还是湍流，其流动过程都存在阻力，因此会消耗能量。原油的粘度很大，并且原油的流动为湍流（因为层流的流速太小），所以由于原油在流动时会产生很大的阻力，因此消耗大量能量，影响原油的输送。

二、原油的降凝输送

原油的降凝输送指用降凝法处理后的原油在管道中的输送。降凝法是指降低原油凝点的方法，降凝法一般有三种：物理降凝法、化学降凝法和化学—物理降凝法。

1. 物理降凝法

是将原油加热至某一温度，冷却后其凝点降低的方法，又称热处理。原油加热处理后，其凝点降低、粘度降低。

例如，大庆油田原油的凝点是 32℃，经过 70℃ 的加热处理，原油的凝点降为 17℃；又如江汉油田原油的凝点是 26℃，经过 80℃ 的加热处理，原油的凝点降为 14℃。

加热后原油降凝的原因：

(1)加热后的原油中各组成分子存在的状态发生了变化。如蜡以分子状态分散在油中；沥青质与胶质形成的堆积体变小，油中胶质含量增加，使胶质破坏蜡的结晶。

(2)冷却后原油中蜡晶析出受到了影响，这因为沥青质、胶质起到了控制蜡晶长大的作用。

2. 化学降凝法

是指加入降凝剂使原油凝点降低的方法。降凝剂是指使原油凝点降低的化学物质。降凝的原理与防蜡原理相同，所以降凝剂分为表面活性剂型原油降凝剂和聚合物型原油降凝剂。

(1)表面活性剂型原油降凝剂。

常见的是石油磺酸盐（$R-SO_3Na$）、聚氧乙烯烷基胺等。例如

$$C_{18}H_{37}-N \begin{cases} (CH_2CH_2O)_n-H \\ (CH_2CH_2O)_n-H \end{cases} \quad (聚氧乙烯十八胺-n)$$

降凝作用（吸附机理）：当蜡析出后，降凝剂吸附在蜡晶表面，抑制蜡晶生长。

(2)聚合物型原油降凝剂。

常见的是聚丙烯酸酯、乙烯与羧酸乙烯酯共聚物等。聚合物型原油降凝剂具有与蜡共同结晶的基团。例如

$$(CH_2-CH)_n-(CH-CH)_m- \quad R:C_{14} \sim C_{40}$$
$$COOR\ COOR$$

苯乙烯与顺丁烯二酸酯共聚物

降凝作用(共结晶机理):降凝剂与蜡同时析出,并生成共晶(混合晶体),由于共晶不规则,使蜡晶扭曲不能长大。

例如,中原油田原油的凝点是33℃,加入降凝剂后,原油的凝点变为13℃;又如青海油田原油的凝点是32℃,加入降凝剂后,原油的凝点变为12℃。

3. 化学—物理除凝法

是指加入降凝剂并加热原油,冷却后凝点降低的方法,实际上物理—化学除凝法就是同时用前面两种方法对原油降凝,使凝点降低更多,效果更好。

例如:大庆油田原油的凝点是32℃,经过70℃的加热处理,原油的凝点变为17℃,加入降凝剂再加热,原油的凝点降低到12℃;又如江汉油田原油的凝点是26℃,经过80℃的加热处理,原油的凝点变为14℃,加入降凝剂再加热,原油的凝点降低到6℃。

三、原油的减阻输送

1. 原油的减阻输送概述

是指加入减阻剂使湍流的原油在管道中流动阻力降低的输送。流动阻力会消耗大量的能量,因此在输送过程中应尽量降低这种阻力。减阻剂是指在湍流状态下能降低原油在管道中的输送阻力的化学剂,一般为高分子聚合物,即在流体中注入少量的高分子聚合物,能在湍流状态下降低流动阻力。

(1)减阻剂的减阻作用:在湍流中,漩涡越小流动阻力越大,需要的能量越多,要保持原油处于湍流状态流动,就必须消耗大量的能量。减阻剂能储存能量,在流体需要能量时释放出来,从而保持原油湍流的流动状态。

(2)影响减阻剂作用的因素:

① 原油的性质。原油的粘度越低,据式(8-1),原油的雷诺数越大,流体的流动易达到湍流状态,有利于减阻剂的减阻作用。

② 减阻剂的结构。高分子聚合物具有弹性,线型,并且主链上有一定数量、一定长度的支链(柔顺性,保护作用);相对分子质量适中,一般在$10^5 \sim 10^6$,过高被剪切降解,过低影响减阻作用。

③ 管输条件。管输温度高,原油的粘度越低,有利用减阻剂的减阻作用;管输的流速越快,原油的雷诺数越大,湍流程度越高,有利于减阻作用。

2. 减阻剂的作用机理

大部分原油管道中的流体流态是湍流,而减阻剂恰恰在湍流中起作用。湍流的特点是流动的流体分子由于其涡流及其他杂乱运动导致大量能量损耗。减阻是减阻剂中的聚合物分子与流动流体的湍流发生相互作用的结果。流体在管道中流动,沿径向分为三部分:管道的中心为湍流核心,它包含了管道中的绝大部分流体,其流体质点互相撞击与掺混,杂乱无章地向前运动;紧贴管壁的是层流底层,其流体质点成层地向前运动;层流底层与湍流漩涡之间为缓冲区,其流动状态表现为层流到湍流的过渡。

减阻高聚物分子可以在流体中伸展,吸收缓冲区与层流底层之间的能量,从而干扰层流底层的液体分子从缓冲区进入湍流核心,阻止其形成湍流,或至少减弱湍流的程度。因此,减阻高聚物主要在缓冲区起作用。

第四节 集输系统的腐蚀与防腐

一、地下管道的腐蚀

据不完全统计,我国运营的长输管道总长已达 4 万公里。预测未来 10 年,我国将新建管道支干线 10 万公里左右,其中通过管道输送的原油占全国陆上原油产量的 94% 以上。而大部分的长输送管道都埋设在地下,因此这些金属设施、设备在土壤作用下常会发生腐蚀,严重的腐蚀会造成穿孔,导致油气的泡、滴、漏、冒,不但造成直接经济损失,而且还会引起爆炸、起火、污染环境等严重安全事故。之所以埋设在地下的管道易被腐蚀是因为土壤是一种非常复杂的体系。

1. 土壤特点

土壤是由无机矿物质、有机物质、水和空气组成的,无机矿物质来源于风化的岩石,因此土壤的颗粒结构实际上由风化的岩石构成,所以土壤有一定的孔隙度和渗透性。有机物质是动、植物残体在化学和微生物作用下形成的,主要成分是腐殖酸。水和空气均存在于土壤的孔隙中,并且水有一定的流动性,而空气与大气相通。因此土壤有以下特点:

(1)多相性,土壤中存在固相颗粒(无机矿物质、有机矿物质)、水和空气,而固相颗粒大小也不相同,其中包括砂砾石、粉砂石和粘土等,所以土壤是多相体系。

(2)不均匀性,土壤的性质和结构具有极大的不均匀性,因此埋在地里的管道被腐蚀的情况差异很大。

(3)导电性,土壤水溶解了各种可溶性无机盐、有机盐,使土壤具有一定的导电性。土壤的导电性随土壤的颗粒大小而变化。土壤的颗粒大,渗透性强,土壤中的水容易流失,则导电性差;土壤的颗粒小,渗透性弱,土壤能保持水分,则导电性好。

(4)含氧量,空气中氧气渗透到有一定渗透性的地层中,使土壤具有一定的含氧量,渗透性越好,含氧量越高。

2. 土壤腐蚀

土壤腐蚀是指以土壤作为腐蚀介质对金属的腐蚀。土壤腐蚀主要是由两种因素造成的,一是土壤的导电性及含氧量,引起电化学腐蚀;二是土壤中含有的一定细菌的作用引起的腐蚀,即生物腐蚀。

(1)电化学腐蚀。指土壤与金属表面形成原电池而造成的腐蚀。

土壤中的电化学腐蚀有两种:一种是由于土壤水中含有酸性物质而产生的腐蚀;另一种是由于氧气产生的腐蚀。无论是哪种腐蚀,金属(输送管道)作为阳极被腐蚀。

① 吸氧腐蚀:土壤及土壤水中含有氧气而产生腐蚀。

腐蚀原电池　　　阳极(金属):$2Fe \longrightarrow 2Fe^{2+} + 4e^-$

　　　　　　　　阴极(土壤):$O_2 + 2H_2O + 4e^- \longrightarrow 4OH^-$

　　　　　　　　电池反应:$2Fe + 2H_2O + O_2 \longrightarrow 2Fe^{2+} + 4OH^-$

② 析氧腐蚀:由于土壤水中含有酸性气体,使土壤水呈酸性而产生的腐蚀。

酸性气体 H_2S、CO_2 能溶于水中解离产生 H^+ 反应为

$$H_2S \longrightarrow HS^- + H^+$$

$$CO_2 + H_2O \longrightarrow HCO_3^- + H^+$$

腐蚀电池　　　　　阳极(金属):$Fe \longrightarrow Fe^{2+} + 2e^-$

阴极(土壤):$2H^+ + 2e^- \longrightarrow H_2 \uparrow$

电池反应:$Fe + 2H^+ \longrightarrow Fe^{2+} + H_2 \uparrow$

(2)生物腐蚀。由土壤中的细菌作用而产生的腐蚀。生物腐蚀常常是由硫酸盐还原菌的作用产生的,硫酸盐还原菌(SRB)生存在土壤中,是一种厌氧菌,能把硫酸盐转化为硫化氢,产生的硫化氢有两个作用:一是使土壤的酸度(H^+)增大,有利于阴极析氢反应;二是与铁反应产生硫化亚铁沉淀。这两种作用都会加速金属的腐蚀。腐蚀变化如下

$$SO_4^{2-} \xrightarrow{SRB} H_2S$$

$$H_2S \rightleftharpoons HS^- + H^+$$

$$HS^- \rightleftharpoons S^{2-} + H^+$$

腐蚀电池　　　　　阳极(金属):$Fe \longrightarrow Fe^{2+} + 2e^-$

阴极(土壤):$2H^+ + 2e^- \longrightarrow H_2 \uparrow$

电池反应:$Fe^{2+} + S^{2-} \longrightarrow FeS \downarrow$(黑色)

3. 土壤腐蚀性的划分

通过前面的分析,地下管道的腐蚀(电化学腐蚀、生物腐蚀)与土壤的导电性有关,土壤的导电性越高,其对地下管道的腐蚀程度越强。所以对土壤腐蚀性的程度一般用电阻率(因为电阻率可测量)来划分。设土壤电阻率为ρ(单位为$\Omega \cdot m$),则

$$\rho = R \cdot L/A \qquad (8-2)$$

式中　R——被测土壤的电阻,Ω;

A——被测土壤的平行截面的面积,m^2;

L——被测土壤的平行截面间的距离,m。

根据土壤电阻率的高低可将土壤的腐蚀性分为三个等级,见表8-4。

表8-4　土壤腐蚀性等级

腐蚀性等级	强腐蚀性	中腐蚀性	弱腐蚀性
土壤电阻率,$\Omega \cdot m$	<20	20~50	>50

二、储油罐的腐蚀

随着石油化工行业的迅速发展,大型储油罐的建设方兴未艾,我国石化系统各种类型储油罐有1万多个。储油罐的设计寿命一般为30年,但由于其储存的油品中往往含有少量的水,水中溶解大量有机酸、无机盐及硫化物等,使储油罐遭到腐蚀而缩短使用寿命。严重者一年左右就报废了。

1. 储油罐腐蚀的类型

根据其作用原理不同,储油罐的腐蚀主要有以下几类。

(1)化学腐蚀。

是指油罐本体与所储存的介质或油罐外壁与周围环境发生化学作用而引起的油罐损坏,腐蚀过程中没有电流产生,一般腐蚀较轻。

(2)电化学腐蚀。

在腐蚀过程中有电流产生,是储油罐最严重的腐蚀,主要发生在罐底和罐壁部位。主要原

因是储油罐所储存的油品中含有水、氯化物、硫化物及无机盐、有机酸等。

(3) 细菌腐蚀。

硫酸盐还原菌在没有氧的条件下,可在金属表面的水膜里,利用溶液中的硫酸盐进行繁殖,硫酸盐在细菌的作用下被还原成硫化物,反应所需要的氢来自油品本身或者来自其他腐蚀过程中的产物。

2. 储油罐腐蚀分析

通过对大部分储油罐的腐蚀调查,腐蚀情况分为几个方面。

(1) 储油罐的罐底腐蚀情况严重,大部分为坑点腐蚀,直至穿孔。主要发生在焊缝区、凹陷及变形处。

罐底腐蚀主要是由于油品中所含的少量水分,在油品储存过程中沉降于罐底所造成的,这些水中含有盐、酸、硫化物、溶解氧、氢等离子,腐蚀使罐底板产生斑点、蚀坑、甚至穿孔。另外,罐底的无氧条件很适合硫酸盐还原菌的生长,可引起严重的针状或丝状的细菌腐蚀。罐底水溶液中氢原子不断被硫酸盐还原菌代谢反应所消耗的结果,造成罐底板表面电化学腐蚀过程中的阴极反应不断进行下去,这就促进了罐底板表面的阳极反应,从而加速了罐底板的腐蚀。

(2) 与油品接触的罐壁板的绝大部分腐蚀较轻,一般为均匀腐蚀,但在油水交界处腐蚀较严重,最严重的发生在油气交接处,罐顶气相部位腐蚀相对较轻。

储油罐内壁的腐蚀发生在罐壁油气交接处和油水交接处,主要是由于氧的浓差电池引起的,氧浓度高的部位为阴极,氧浓度低的部位为阳极。

(3) 储油罐底部外侧腐蚀主要有罐底与基础接触面的腐蚀,腐蚀主要有氧浓差电池腐蚀、杂散电流腐蚀、土壤腐蚀等。

(4) 储油罐底板外侧直接和沥青砂接触,接触程度不同,造成罐底板外侧各部位氧气的浓度不同,从而产生氧浓差电池,含氧较大区的金属电极电位低,构成电极的阳极而在罐底板外侧产生腐蚀。

三、金属的防腐方法

1. 保护层防腐法

是指在金属表面覆盖保护层,使金属制品与周围腐蚀介质隔离,从而防止腐蚀。

保护层有在钢铁制件表面涂上机油、凡士林、油漆或覆盖搪瓷、塑料等耐腐蚀的非金属材料;用电镀、热镀、喷镀等方法,在钢铁表面镀上一层不易被腐蚀的金属,如锌、锡、铬、镍等,这些金属常因氧化而形成一层致密的氧化物薄膜,从而阻止水和空气等对钢铁的腐蚀。

2. 化学药剂防腐法

是指在腐蚀介质中加入缓蚀剂,减缓或阻止金属腐蚀。缓蚀剂是指用于腐蚀介质中抑制金属腐蚀的化学添加剂。使用缓蚀剂的优点是不改变腐蚀环境就可以达到防腐的效果,也不增加设备投资,操作简便,见效快。

缓蚀剂可分为无机缓蚀剂和有机缓蚀剂,无机缓蚀剂的缓蚀机理是形成钝化膜或沉淀膜以减缓或阻止金属表面的腐蚀;有机缓蚀剂的缓蚀机理是在金属表面上形成物理吸附或化学吸附,具体是缓蚀剂分子的亲水基团吸附在金属表面上,而疏水基团在水溶液中形成一层斥水的屏障覆盖在金属表面,保护金属表面。

3. 电化学防腐法

电化学防腐法利用原电池原理进行金属的保护。电化学防腐法分为阳极保护法和阴极保护法两大类,在油田基本不用阳极保护法,而用阴极保护法。

阴极保护法是将被保护的金属作为腐蚀电池的阴极,使其不受到腐蚀。阴极保护法又分为牺牲阳极的阴极保护法和外加电流的阴极保护法。

(1) 牺牲阳极的阴极保护法。

将活泼金属(牺牲阳极)连接在被保护的金属上,当发生电化学腐蚀时,这种活泼金属作为负极发生氧化反应,因而减小或防止被保护金属的腐蚀。牺牲阳极材料一般是锌、锌的合金等。

(2) 外加电流的阴极保护法。

将被保护的金属和电源的负极连接,另选一块能导电的惰性材料(辅助阳极)接电源正极,通电后,使金属表面产生负电荷(电子)的聚积,因而抑制金属失电子而达到保护目的。

四、地下管道的防腐方法

地下管道的防腐方法有两种:保护层防腐法和阴极保护法。

1. 保护层防腐法

为了减缓地下管道的腐蚀,在埋入地下之前对管道作处理,在管道表面覆盖一层保护层,使之与土壤隔开阻止管道被腐蚀。

(1) 对保护层的要求:保护层的化学性质稳定,具有耐水、酸、碱、盐及其他化学介质的能力;保护层的绝缘性好、抗细菌腐蚀;保护层对金属附着力良好;保护层具有良好的机械性能等。

(2) 常用的防腐层有石油沥青防腐层、煤焦油磁漆防腐层、聚乙烯防腐层和熔结环氧粉末防腐层等。

2. 阴极保护法

(1) 外加电流的阴极保护法。

将被保护的金属(地下管道)整体接在直流电源的负极上,使被保护的金属为阴极,辅助阳极接到电源的正极,当电流通过电极时,阳极发生还原反应,阴极不发生反应,实现阴极被保护,见图 8-2。

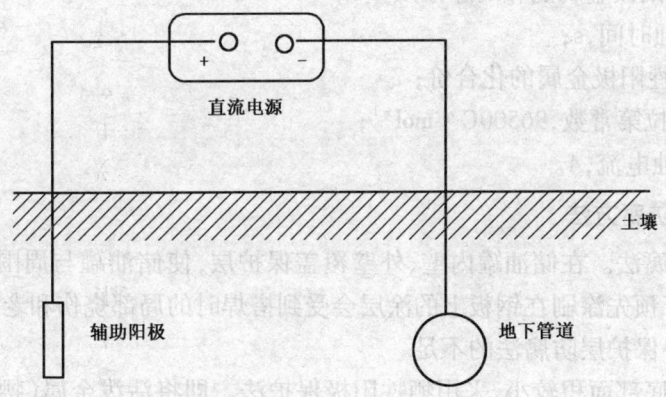

图 8-2 外加电流的阴极保护法

为了保护地下管道不被腐蚀,直流电源中提供的电极电位(保护电位)比金属管道的电极电位(自然电位)要低,这样才能保证直流电源向辅助阳极输送正电荷,向地下管道输送负电荷。地下管道的电极电位可以用参比电极测定。辅助阳极应具有良好的导电性、耐蚀性强、消耗率低、适用的工作电流密度范围大、化学性质稳定、价格便宜等优点。

(2) 牺牲阳极的阴极保护法。

将被保护的金属与更活泼的金属相连,使土壤与活泼的金属相连,活泼金属为阳极被氧化,而地下管道被保护。为了监测牺牲阳极被腐蚀的情况,在埋设牺牲阳极时还必须埋设参比电极以及监测器,见图8-3。牺牲阳极的阴极保护法简单易行、不需电源、不用专人管理,只消耗少量的金属材料。

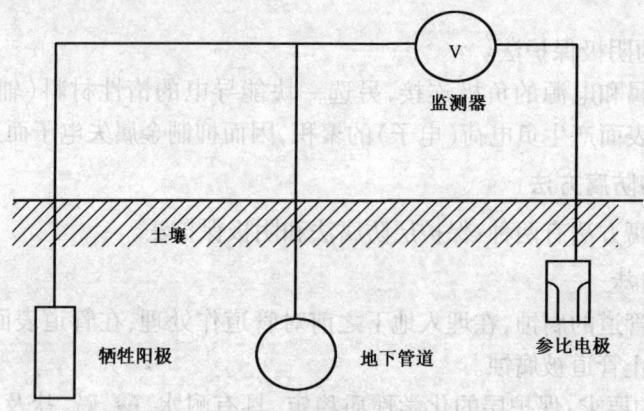

图8-3 牺牲阳极的阴极保护法

牺牲阳极材料必须满足:足够低的电极电位(比地下管道的电极电位低);长期使用保持表面活性而不钝化(即腐蚀产物易脱落);消耗单位质量金属的电容 q 大。

$$q = It = nF \cdot m/M \tag{8-3}$$

牺牲阳极材料所腐蚀的质量 m 为

$$m = M \cdot It/nF$$

式中 m——牺牲阳极腐蚀的质量,g;

M——牺牲阳极金属的相对摩尔质量,$g \cdot mol^{-1}$;

t——腐蚀时间,s;

n——牺牲阳极金属的化合价;

F——法拉第常数,$96500 C \cdot mol^{-1}$;

I——腐蚀电流,A。

五、储油罐的防腐方法

(1) 保护层防腐法。在储油罐内壁、外壁覆盖保护层,使储油罐与周围腐蚀介质隔离,从而防止腐蚀。由于预先涂刷在钢板上的涂层会受到搭焊时的局部烧伤和老化等,因此,还必须用阴极保护法弥补保护层防腐法的不足。

(2) 若储油罐底部面积较小,采用牺牲阳极保护法。即将活泼金属(牺牲阳极)连接在被保护的储油罐上,当发生电化学腐蚀时,活泼金属作为负极发生氧化反应,因而减小或防止储油罐的腐蚀。

(3) 若储油罐底部面积较大,采用外加电流的阴极保护法。将被保护的储油罐和电源的负极连接,另选辅助阳极接电源正极,通电后,辅助阳极发生氧化反应,储油罐被保护,见图8-4。

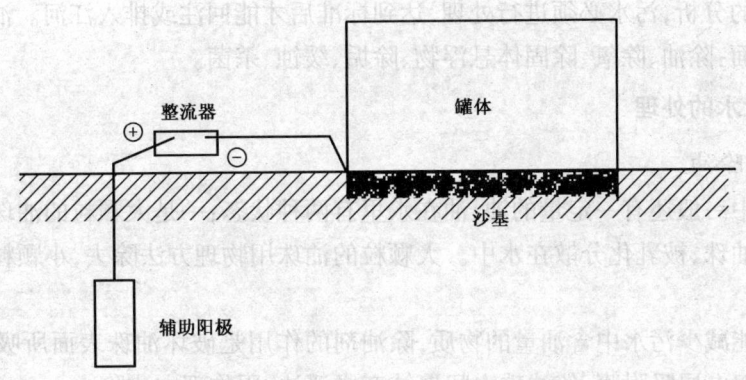

图 8-4　储油罐外壁的外加电流的阴极保护法

目前国内储油罐的防腐基本上采用的是阴极保护法,保护周期在 30a 以上。工业发达国家特别关注储油罐的阴极保护,英国储油罐防护规范规定:在侵蚀性环境中的储油罐阴极保护是储油罐底部涂层保护的补充;美国规范规定:新罐应从一开始设计就要考虑涂层和阴极保护,带涂层的储油罐应加阴极保护。在防腐层缺陷等处的暴露金属表面上进行集中的阴极保护是最佳的、经济的保护形式。

第五节　油田污水处理

一、污水的来源与性质

油田污水是指在石油及天然气的地质勘探、采集开发、储存运输等作业中产生和排放的污水,其中包括钻井污水、采油污水、采气污水等。由于来源不同,其性质不同,污水处理的方法也不相同。油田污水的主要来源是采油、钻井的生产污水。

1. 油田采出液污水

(1)采油污水:油田的二次采油是注水开采,三次采油基本上也是以注水开采为主,因为化学驱油剂实际上是各种化学剂的水溶液,因此注入水和地层水将随原油被带到地面上,这就产生大量的采油污水。

采油污水的特点:① 水温高。一般污水的温度在 50℃ 左右,有的油田采油污水的温度高达 70℃。② 矿化度高。大部分采油污水都含有一定的盐分,其含量基本为 $10^2 \sim 10^6 mg \cdot L^{-1}$。③ pH 值为 7 左右,一般偏碱性(弱碱性)。④ 污水中溶解了一定量气体,例如污水中溶解有 CO_2、O_2、H_2S 及烃类气体。⑤ 污水中含有一定量的悬浮固体。悬浮固体主要是三种:一种是泥砂,如粘土、细砂和粉砂等;一种是腐蚀物及垢,如 Fe_2O_3、FeS、$CaCO_3$、细菌等;一种是有机物,如胶质、沥青质和石蜡等。⑥ 污水中还含有一定量的原油和破乳剂。

(2)采气污水:采气作业时随气体一起采出的地层水。其特点是氯离子含量高,还有一定量的硫。

2. 钻井污水

在钻井作业中,起下钻作业产生的污水、冲洗地面设备及钻井工具的污水、设备冷却水等为钻井污水。其特点是含有一定量的钻井液及钻井液处理剂,钻井液及钻井液处理剂的组成随钻井液材料不同而不同。

通过上面的分析,污水必须进行处理,达到标准后才能回注或排入江河。油田污水的处理主要有六个方面:除油、除氧、除固体悬浮物、除垢、缓蚀、杀菌。

二、油田污水的处理

1. 污水的除油

油田污水中一般还有一定量的油,油在水里有两种状态:一是大颗粒的油珠,漂浮在水上;二是小颗粒的油珠,被乳化分散在水中。大颗粒的油珠用物理方法除去,小颗粒的油珠必须用除油剂除去。

除油剂指能减少污水中含油量的物质,除油剂的作用是破坏油珠表面所吸附的表面活性剂产生的扩散双电层吸附膜,使油珠之间聚结变成浮油,用物理方法除去。

除油剂有阳离子型聚合物、有分支结构的表面活性剂。

2. 污水的除氧

污水中溶解氧是引起金属腐蚀的重要因素,即溶解氧加快金属的腐蚀,就腐蚀而言,比CO_2、H_2S气体造成的危害更严重。即使O_2的浓度很低,也能导致金属的腐蚀,如

吸氧腐蚀电池:阳极　　$2Fe \longrightarrow 2Fe^{2+} + 4e^-$

　　　　　　　阴极　　$O_2 + 2H_2O + 4e^- \longrightarrow 4OH^-$

除氧的方法很多,最常用的是化学除氧法,即加入除氧剂除去O_2的方法。除氧剂是指能除去水中溶解氧的化学剂,一般是还原剂,其作用是将O_2还原成无腐蚀的产物。常见除氧剂为亚硫酸盐($NaHSO_3$、Na_2SO_3、NH_4HSO_3)、甲醛、二氧化硫等。

例如,甲醛的除氧反应为

$$2CH_2O + O_2 \longrightarrow 2HCOOH$$

二氧化硫的除氧反应为

$$2SO_2 + 2H_2O + O_2 \longrightarrow 2H_2SO_4$$

3. 污水中固体悬浮物的除去方法

固体悬浮物之所以不沉降,主要是因为这些固体主要为粘土颗粒,而粘土颗粒本来带负电,互相排斥不聚结沉降,为此加入絮凝剂,使悬浮物絮凝,从而聚结沉降。

絮凝剂是指使水中固体悬浮物形成絮凝物而下沉的物质。絮凝剂由混凝剂和助凝剂组成。絮凝剂的作用是中和固体颗粒表面的电性,使失去电性的颗粒聚结下沉。

常见的混凝剂是无机阳离子型聚合物(羟基铝、羟基铁和羟基锆),常见的助凝剂是水溶性聚合物(有机非离子型、有机阴离子型)。

4. 污水的防垢

油田污水储存池、流经的部位(如油桶、管道、泵等)一旦条件合适污水会结垢,其危害有堵塞管道、造成局部腐蚀、阻碍传热等。垢的主要类型是:碳酸钙垢($CaCO_3$)、硫酸钙垢($BaSO_4$)、硫酸锶垢($SrSO_4$)。

(1)常用防垢剂:缩聚磷酸盐、表面活性剂(磺酸盐、羧酸盐等)、聚合物等。

(2)防垢机理:① 晶格畸变机理,防垢剂吸附在水垢晶体活性点上,使被吸附的晶体颗粒变形,不能长大,使垢晶体微小松散阻止沉淀物(垢)的形成。② 静电排斥机理,离子型防垢剂

吸附在微小垢表面,形成扩散双电层,带电阻止聚结。③ 配位机理,防垢剂与水垢成分中的阳离子(Ca^{2+}、Ba^{2+})形成配位离子,使阳离子不能形成沉淀。

习 题 八

1. 什么是金属腐蚀?地下管道的金属腐蚀有哪几种?
2. 油罐腐蚀发生在什么部位?为什么?
3. 金属防腐有哪些方法?其原理是什么?
4. 地下管道的防腐方法有哪些?什么叫自然电位?什么叫保护电位?
5. 表面活性剂可以用于防垢,其防垢机理是什么?
6. 写出除氧剂 $NaHSO_3$、Na_2SO_3、NH_4HSO_3 与 O_2 的反应式。

第九章 实　　验

实验一　表面张力的测定

一、实验目的
(1) 掌握用环法测定液体的表面张力。
(2) 测定十六烷基氯化砒啶的临界胶束浓度。

二、实验原理
少量的表面活性剂加到水中时，一部分分子被吸附在水面上，使其表面张力下降。随着表面活性剂加入量的增加，表面张力急剧下降。但当溶液表面的吸附达到饱和时，再加入表面活性剂，则只能使液体内部的多个表面活性剂分子聚集形成分子缔合体，即为胶束，把形成胶束所需的最低浓度称为临界胶束浓度，这时，表面活性剂的浓度增大对溶液的表面张力影响变得很小。表面活性剂的浓度与表面张力的关系如图9-1所示。十六烷基氯化吡啶是一种表面活性物质，可用表面张力与浓度的关系测出十六烷基氯代吡啶的临界胶束浓度。

表面张力仪是一种用物理方法代替化学方法的简单易行的测试仪器，它很容易测量把一个环拉开液面所需的力。表面张力仪主要由扭力丝、铂环、支架、杠杆架、蜗轮付等组成。使用时通过蜗轮付的旋转对扭力丝施加扭力，并使该扭力与液体面接触的铂金环对液体的表面张力相平衡，当扭力继续增加时，铂环离开液面破裂(如图9-2所示)，这时力的大小就是表面张力仪刻度盘的读数(此读数由扭力丝扭转的角度决定)。但是，对于仪器厂所生产的每台表面张力仪，其刻度的大小并不能真正表示表面张力的大小，因此对所测定的每个值都必须修正。本实验修正的方法采用水作为基准物来修正。测定水的表面张力值，据水在该温度下的表面张力值(标准值)计算出校正系数 λ

$$\lambda = 水的标准值 / 水的测量值$$

故　　　　　　　　　液体的表面张力 $\sigma = \lambda \times K$

其中 K 是待测液体表面张力的测定值。

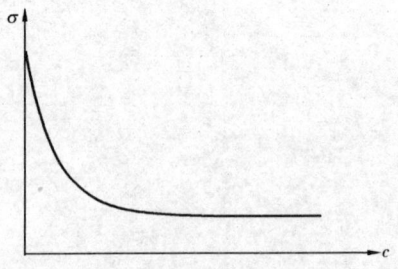

图9-1　溶液的浓度与表面张力的关系

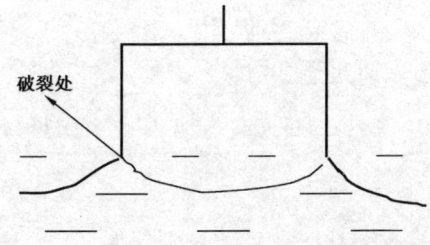

图9-2　铂环在液面的状态

三、仪器与试剂

表面张力仪一台,玻璃杯一个。

十六烷基氯化吡啶溶液:0.0002mol·L^{-1}、0.0005mol·L^{-1}、0.0010mol·L^{-1}、0.0015mol·L^{-1}、0.0020mol·L^{-1}。

四、实验步骤

(1)铂金环、玻璃杯用洗液洗涤之后,用蒸馏水冲洗,然后用滤纸擦干。

(2)用水作标准物,测定水的表面张力值。

(3)将已配好的十六烷基氯化吡啶从稀到浓测定其表面张力值。更换溶液时,必须用待测液淌洗杯子和铂金环。

五、数据记录与处理

(1)记录及计算。计算仪器的校正系数 λ。

室温:　　　　　　　　　大气压:

$c_{活性剂}$,mol/L	0.0(水)	0.0002	0.0005	0.0010	0.0015	0.0020
K						
σ,mN·m^{-1}						

(2)以浓度为横坐标、表面张力为纵坐标作图,确定十六烷基氯化吡啶的临界胶束浓度(CMC)。

附录　表面张力的测定(滴重法)

1. 实验原理

滴重法测定液体的表面张力比较普遍,当液体受重力作用从垂直的毛细管下端向下滴落时,同时受毛细管向上拉的表面张力,使液体在毛细管下端口形成液滴。当形成的液滴达到最大而刚下滴时,液滴所受的重力与表面张力相等(见图1),即从外半径为 r 的毛细管滴下的液体重力应等于毛细管周边长乘表面张力

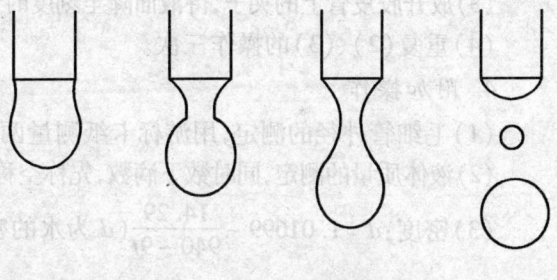

图1　液滴下落示意图

$$mg = 2\pi r\sigma \tag{1}$$

式中　m——液滴质量;
　　　r——毛细管外半径;
　　　g——重力加速度;
　　　σ——表面张力。

事实上滴下来的仅仅是液滴的一部分,因此,式(1)给出的液滴是理想液滴,经实验证明滴下来的液滴大小是 v/r^3 的函数,即由 $f(v/r^3)$ 所决定(其中 v 是液滴体积)。式(1)变为

$$mg = 2\pi r\sigma f(v/r^3) \tag{2}$$

$$\sigma = \frac{mg}{2\pi r f(v/r^3)} = \frac{Fmg}{r} \tag{3}$$

式(3)中的 F 称为校正因子,校正因子随液滴的半径和体积变化,表1给出部分校正因子的数据,如果测得滴下来的液滴体积及毛细管外半径,就可从表1得到校正因子的数值。

表1　滴重法校正因子 F

v/r^3	F	v/r^3	F	v/r^3	F
5000	0.172	6.662	0.2479	0.816	0.2550
250	0.192	5.522	0.2514	0.729	0.2517
58.1	0.215	4.653	0.2542	0.541	0.2430
24.6	0.2256	3.433	0.2587	0.512	0.2441
17.7	0.2305	2.995	0.2607	0.455	0.2491
13.28	0.2352	2.0929	0.2645	0.403	0.2559
10.29	0.2398	1.5545	0.2657		
8.190	0.2440	1.048	0.2617		

2. 仪器及试剂

恒温槽一套,毛细管,称量瓶,游标卡尺。

蒸馏水、无水乙醇(分析纯)。

3. 实验步骤

(1)加热恒温槽,控制温度在25℃±0.1℃。

(2)用洗耳球吸蒸馏水装满测量器内管,把内管装进外管恒温10min。

(3)放开胶皮管上的夹子,待液面降至刻度时开始数滴液滴数,直到最后一滴为止,记录读数。

(4)重复(2)、(3)的操作三次。

4. 附加操作

(1)毛细管外径的测定,用游标卡纸测量两次。

(2)液体质量的测定,同时数下滴数,先称空称量瓶的质量,再称含水称量瓶,其差为水的质量。

(3)密度:$d = 1.01699 - \dfrac{14.29}{940 - 9t}$($d$ 为水的密度;t 为温度,℃)。

实验二　表面活性剂类型的鉴别

一、实验目的

(1)掌握不同类型表面活性剂的鉴别方法。

(2)鉴别未知表面活性剂的类型。

二、实验原理

不同类型的表面活性剂有不同的性质,因此可用不同的方法将它们鉴别出来。鉴别表面活性剂类型可用下面两种方法。

1. 染料法

染料与表面活性剂一样有阳离子染料和阴离子染料。例如,次甲基蓝是一种阳离子染料,因它的带色离子是阳离子；而溴酚蓝则是一种阴离子染料，因它的带色离子是阴离子。

由于阴离子表面活性剂与阳离子染料，或阳离子表面活性剂与阴离子染料能生成不溶于水能溶于油的有色化合物，所以当有油相(例如三氯甲烷)存在时，它们在水中反应生成的有色化合物就会溶于油相，使油相着色。因此可用染料将阴离子表面活性剂和阳离子表面活性剂鉴别出来。非离子表面活性剂与上述染料不起反应。

2. 浊点法

非离子表面活性剂(含有聚氧乙烯基)的水溶性随温度升高而降低，即当加热非离子表面活性剂的水溶液时，随温度升高透明的溶液会变浑浊，把开始变浑浊的温度称为浊点。因此，浊点是非离子表面活性剂的特征，而阴离子表面活性剂和阳离子表面活性剂都没有浊点，如果一种表面活性剂溶液有浊点，则可证明是非离子表面活性剂。

三、仪器与试剂

试管、烧杯、温度计、量筒、酒精灯。

十六烷基三甲基溴化铵、十二烷基苯磺酸钠、聚氧乙烯辛基苯酚醚-10(OP-10)、次甲基蓝溶液、溴酚蓝溶液、三氯甲烷、蒸馏水。

四、实验步骤

1. 熟悉表面活性剂类型的鉴别

(1)染料法。

取三支试管，分别加入1%十六烷基三甲基溴化铵、1%十二烷基苯磺酸钠和1% OP-10，每支试管加入量都是1mL，然后在每支试管中加入1mL次甲基蓝溶液和1mL三氯甲烷，摇动，观察并记录在三氯甲烷层(下层)所出现的现象。

再取三支试管，每支都加入2mL溴酚蓝溶液和1mL三氯甲烷，然后分别加入1%十六烷基三甲基溴化铵、1%十二烷基苯磺酸钠和1% OP-10，每支试管加入量都是5~10滴，摇动，观察并记录在三氯甲烷层(下层)所出现的现象。

(2)浊点法。

取三支试管，分别加入1%十六烷基三甲基溴化铵、1%十二烷基苯磺酸钠和1% OP-10，每支试管加入量都是3mL，然后放在水浴中升温直至水浴沸腾，观察并记录哪种表面活性剂有浊点现象。若有浊点现象存在，则用温度计测出该浊点是多少。

2. 鉴别未知表面活性剂的类型

有三瓶表面活性剂溶液，分别为1号、2号、3号，只知它们一瓶是阴离子表面活性剂溶液，一瓶是阳离子表面活性剂溶液，还有一瓶是非离子表面活性剂溶液。试设计一种简便的方法，将它们的类型鉴别出来。

五、数据记录及处理

(1)记录并解释实验中所观察到的现象。

(2)用表列出未知表面活性剂溶液的鉴别方法、鉴别时观察到的现象和鉴别结果。

附录

1. 次甲基蓝溶液配制法

把硫酸钠5g、浓硫酸1.2g溶于水中，加入0.3%次甲基蓝水溶液1mL，再加水配成100mL。

2. 溴酚蓝溶液配制法

将 7.5mL 0.2mol·L^{-1}乙酸钠与 92.5mL 0.2mol·L^{-1}乙酸混合,再加入 2mL 0.1%溴酚蓝乙醇(乙醇含量在 96%以上)溶液。这种溶液的 pH 值要在 3.6~3.9 范围。

实验三　表面活性剂 HLB 值的测定

一、实验目的

(1)掌握表面活性剂 HLB 值的测定原理。
(2)了解表面活性剂对乳化剂的影响。

二、实验原理

HLB 值是比较表面活性剂中亲水基的亲水能力和亲油基的亲油能力的一个相对数值。表面活性剂分子由性质截然不同的亲油基和亲水基组成,表面活性剂具有亲水和亲油的双亲性。HLB(Hydrophile – Lyophile Balance)值表示表面活性剂的亲水能力对亲油能力的平衡关系,HLB 值越小,表面活性剂的亲油基的亲油能力越强;HLB 值越大,表面活性剂亲水基的亲水能力越强。

HLB 值是一个相对值。规定亲油性强的石蜡的 HLB 值为 0,油酸的 HLB 值为 1,油酸钠的 HLB 值为 18,亲水性强的十二烷基硫酸钠的 HLB 值为 40。以此为标准,可以确定其他表面活性剂的 HLB 值。本实验是通过乳化试验来确定其他表面活性剂的 HLB 值。

实验采用比较测定法,也称乳化法。对每种油料而言,要使它与水发生乳化,生成水包油型(O/W)或油包水型(W/O)乳状液,要求乳化剂有一个合适的 HLB 值(称为该油料乳化的 HLB 值)。例如,煤油形成水包油型(O/W)乳状液的 HLB 值是 12.5,设表面活性剂 A 的 HLB 值为 HLB$_x$,可以把表面活性剂 A 按不同比例与油酸钠(也可以选用其他已知 HLB 的表面活性剂)混合,直至达到煤油与水形成稳定水包油型(O/W)乳状液为止。

若实验测得表面活性剂 A 与油酸钠的质量比为 8∶2 时形成稳定的水包油型(O/W)乳状液,则表面活性剂 A 的 HLB$_x$ 值可按下式计算:

$$\frac{8}{8+2}\text{HLB}_x + \frac{2}{8+2} \times 18 = 12.5 \quad \text{HLB}_x = 11.12$$

本实验选择煤油为基准油,油酸钠作为标准表面活性剂,测定十四醇的 HLB 值。

三、仪器与试剂

比色管,大试管,移液管。
油酸钠,十四醇,煤油。

四、实验步骤

(1)按下表配制不同浓度的十四醇煤油溶液和油酸钠水溶液:

序　号	1	2	3	4	5
十四醇煤油溶液,g·100mL^{-1}	1.9	1.8	0.7	0.2	0
油酸钠水溶液,g·100mL^{-1}	0.1	0.2	1.3	1.8	2

(2) 将相同序号的十四醇煤油溶液和油酸钠水溶液按 5mL:5mL 的体积比分别放入 5 支比色管内用塞子塞紧,各比色管中表面活性剂的总浓度及体积都是相同的。

(3) 依次将比色管充分摇动约 1min,然后静置 30min。观察并比较 5 支试管中的乳化情况,量出每支比色管中的乳化长度,找出乳化最稳定的比例。

(4) 为了比较精确地测定未知活性剂的 HLB 值,可对乳化较好的比例再作精细对比,重复上述实验。

五、数据记录及处理

按前述公式计算十四醇的 HLB 值。

实验四　聚丙烯酰胺的合成与水解

一、实验目的

(1) 熟悉由丙烯酰胺合成聚丙烯酰胺(PAM)的加聚反应。
(2) 熟悉聚丙烯酰胺在碱溶液中的水解反应。

二、实验原理

聚丙烯酰胺(PAM)可在过硫酸铵引发下由丙烯酰胺合成,反应为

$$n\text{CH}_2=\underset{\underset{\text{CONH}_2}{|}}{\text{CH}} \xrightarrow{(\text{NH}_4)_2\text{S}_2\text{O}_3} \underset{\underset{\text{CONH}_2}{|}}{(\text{CH}_2-\text{CH})_n}$$

由于反应过程中无新的低分子物质析出,高分子的化学组成与反应物分子(单体)相同,所以这一合成反应属于加聚反应。

随着加聚反应的进行,分子链增长。当分子链增长到一定程度,即可通过分子间的相互纠缠形成网状结构,使溶液的粘度明显增加。

聚丙烯酰胺(PAM)可在碱溶液中水解,产生部分水解聚丙烯酰胺(HPAM),反应为

$$(\text{CH}_2-\underset{\underset{\text{CONH}_2}{|}}{\text{CH}})_n + y\text{H}_2\text{O} + z\text{NaOH} \rightarrow (\text{CH}_2-\underset{\underset{\text{CONH}_2}{|}}{\text{CH}})_x(\text{CH}_2-\underset{\underset{\text{COOH}}{|}}{\text{CH}})_y(\text{CH}_2-\underset{\underset{\text{COO}^-}{|}}{\text{CH}})_z + (y+z)\text{NH}_3\uparrow + z\text{Na}^+$$

(其中 $x = n - y - z$)

随着水解反应的进行,有氨气放出并产生带负电的链节。由于带负电的链节互相排斥,使部分水解聚丙烯酰胺有较伸直的构象,因而对水的稠化能力增加。

聚丙烯酰胺(PAM)在油田中有许多用途。

三、仪器与试剂

酒精灯一套、烧杯、量筒、搅拌棒、台秤。
丙烯酰胺、过硫酸铵(10%)、氢氧化钠(10%)、pH 试纸。

四、实验步骤

1. 丙烯酰胺的加聚反应

(1) 用台秤称取 100mL 烧杯和搅拌棒的质量(W_1),然后在烧杯中加入 2g 丙烯酰胺和 18mL 水,搅拌至溶解,配得 10% 的丙烯酰胺溶液。

(2)在恒温水浴中,将10%的丙烯酰胺溶液加热至60℃,然后加入15滴10%过硫酸铵溶液,引发丙烯酰胺加聚。

(3)在加聚过程中,慢慢搅拌,注意观察溶液粘度的变化。

(4)半小时后,停止加热,产物为聚丙烯酰胺。

2. 聚丙烯酰胺的水解

(1)称量制得的聚丙烯酰胺(W_2),补加水,使聚丙烯酰胺溶液的浓度为5%。搅拌溶液,观察高分子的溶解情况。

(2)加入4mL 10%氢氧化钠溶液,放入沸水浴中升温至90℃以上进行水解。

(3)在水解过程中,慢慢搅拌,注意观察溶液粘度的变化,并检查氨气的放出(用润湿的pH试纸)。

(4)半小时后,将烧杯从沸水浴中取出,产物为部分水解聚丙烯酰胺。

(5)称量产物质量(W_3),补加水,制得5%的部分水解聚丙烯酰胺溶液,倒入回收瓶中。

五、数据记录及处理

(1)记录并解释合成聚丙烯酰胺的各种现象。

(2)记录并解释聚丙烯酰胺水解的各种现象。

实验五 粘度法测定高分子的相对分子质量

一、实验目的

(1)掌握粘度法测定高分子相对分子质量的方法和原理。

(2)计算聚丙烯酰胺的粘均相对分子质量。

二、实验原理

由于高分子的多分散性,其相对分子质量就不可能与低分子一样能准确计算出,计算的高分子相对分子质量是一个平均值。根据计算的方法不同,高分子的平均相对分子质量也有不同的值,如数均相对分子质量、重均相对分子质量、Z均相对分子质量和粘均相对分子质量,但最简单的方法是粘度法。由粘度法测得的高分子相对分子质量叫粘均相对分子质量。

根据下面的经验式计算用粘度法测定的高分子粘均相对分子质量

$$[\eta] = K \overline{M_v}^{\alpha}$$

式中 $[\eta]$——特性粘度;

K, α——与温度和溶剂有关的常数;

$\overline{M_v}$——高分子的粘均相对分子质量。

设溶剂的粘度为η_0,高分子在浓度为c(以100mL溶液所含高分子的质量表示)时的粘度为η,则$[\eta]$可由$\dfrac{\eta-\eta_0}{c\eta_0}$对$c$作图,外推直线至$c$为0(见图9-3)求得,即

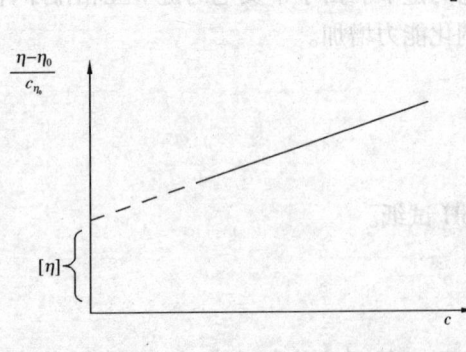

图9-3 外推法求$[\eta]$值

$$[\eta] = \lim_{c \to 0} \frac{\eta - \eta_0}{c\eta_0}$$

K、α 是与温度和溶剂有关的常数,当温度、溶剂一定时,K、α 是确定的值。

例如 30℃时,用硝酸钠($1\text{mol} \cdot \text{L}^{-1}$)作溶剂,用粘度法测定聚丙烯酰胺的粘均相对分子质量的经验公式为

$$\overline{M_v} = 1.40 \times 10^5 [\eta]^{\frac{3}{2}}$$

测定不同浓度下聚丙烯酰胺溶液的粘度,通过作图外推得到 $[\eta]$,再用以上公式计算出聚丙烯酰胺的粘均相对分子质量。

测定聚丙烯酰胺溶液的粘度采用乌氏粘度计(毛细管粘度计)。

三、仪器与试剂

乌氏粘度计、秒表、洗耳球、恒温槽、移液管、容量瓶。

聚丙烯酰胺、硝酸钠、蒸馏水。

四、实验步骤

1. 测定溶剂的 t_0

用移液管将 20mL $1\text{mol} \cdot \text{L}^{-1}$ 硝酸钠由已洗净、烘干的粘度计的支管 3(见图 9-4)加到粘度计的球 9 中,然后将粘度计固定在已调至 30℃的恒温槽中恒温约 15min,即可按下面的方法进行测定:先用左手的拇指和中指将粘度计的支管 1 捏好,用食指将支管 1 的管口堵住,然后用洗耳球从支管 2 的管口将溶液吸至刻度 4 以上的粗直径部分,在将食指松开的同时将洗耳球从管 2 移开,这时球 8 的溶液因支管 1 通大气迅速流回球 9,而支管 2 中刻度 4 以上的溶液则通过毛细管 7 慢慢流回球 9,用秒表测定溶液液面经过刻度 4 与刻度 6 间所需的时间。重复 5 次,取平均值,作为 $1\text{mol} \cdot \text{L}^{-1}$ 硝酸钠溶剂的液面流经粘度计的刻度 4 与刻度 6 间的时间 t_0。测定完后,将粘度计中的溶液倒出,先后用自来水、蒸馏水洗净,然后烘干备用。

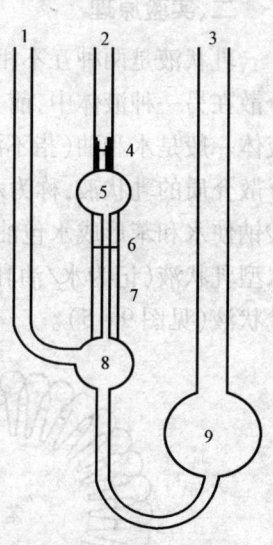

图 9-4 乌氏粘度计

2. 测定不同浓度的聚丙烯酰胺溶液的 t

用移液管将 10mL 浓度为 $1\text{g} \cdot 100\text{mL}^{-1}$ 的聚丙烯酰胺溶液和 10mL $2\text{mol} \cdot \text{L}^{-1}$ 硝酸钠溶液经支管 3 放入已洗净、烘干的粘度计的球 9 中。摇动球 9,使加入的溶液均匀混合。然后将粘度计固定在 30℃恒温槽中,用上述方法测定聚丙烯酰胺溶液的液面流经刻度 4 与刻度 6 间的时间 t_1。

用同样的方法,依次向球 9 加入 10mL、10mL、20mL、20mL 浓度为 $1\text{mol} \cdot \text{L}^{-1}$ 的硝酸钠进行稀释,每稀释一次,都要摇匀,并测该浓度的聚丙烯酰胺溶液的液面流经刻度 4 与刻度 6 间的时间,由此得 t_2、t_3、t_4、t_5。

全部测定结束后,将球 9 的溶液倒出,先后用自来水、蒸馏水洗净,然后烘干,备下次使用。

五、数据记录及处理

(1)计算各溶液的浓度 c 及 $\frac{\eta - \eta_0}{c\eta_0}$ 的数值。

注意,流体的粘度与乌氏粘度计中流体液面流经刻度 4 与刻度 6 间的时间 t 成正比,即

$$\eta \propto t, \eta_0 \propto t_0$$

(2)以 $\dfrac{\eta - \eta_0}{c\eta_0}$ 对 c 作图,将直线外推至浓度 c 为 0 处求 $[\eta]$。

(3)据 $[\eta]$ 计算聚丙烯酰胺的粘均相对分子质量。

实验六　乳状液的制备和性质

一、实验目的

(1)了解形成乳状液的基本原理。

(2)掌握制备乳状液及鉴别其性质的方法。

二、实验原理

乳状液是两种互不相溶或者溶解度很小的液体组成的分散体系。其中一种液体以小液滴分散在另一种液体中,前一种液体称为分散相,后一种液体称为分散介质。构成乳状液的两种液体一般是水和油(指不溶于水的有机液体)。乳状液有两种类型,一种是油为分散相,水为分散介质的乳状液,称为水包油型乳状液(记为油/水乳状液或 O/W 乳状液),例如,乳化剂油酸钠使水和苯形成水包油型乳状液;另一种是水为分散相,油为分散介质的乳状液,称为油包水型乳状液(记为水/油乳状液或 W/O 乳状液),例如,乳化剂油酸镁使水和苯形成油包水型乳状液(见图 9-5)。

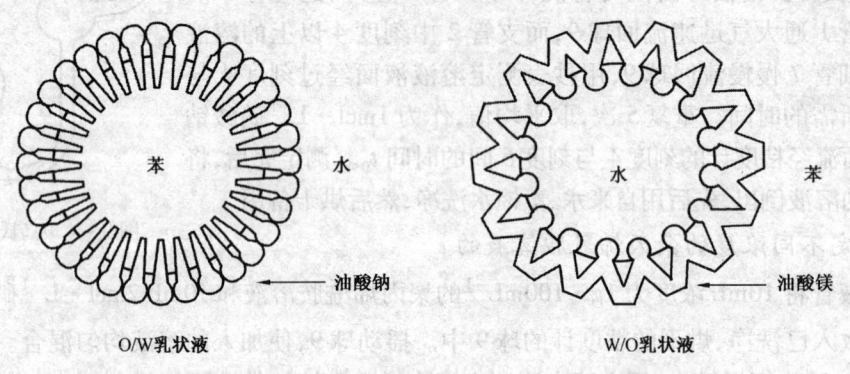

图 9-5　乳状液的结构

将两种互不相溶的液体放在一起,用力振荡,即可得乳状液。但是这种乳状液极不稳定,很快就会分层。要得到稳定的乳状液,必须加入乳化剂。表面活性剂是最常用的乳化剂,它具有极性基团和非极性基团,当它吸附在油水界面时,能降低表面张力,而且形成一定强度的保护膜,从而使乳状液稳定。

乳状液的形成分为两步。首先是在剧烈振荡或搅拌下使油相和水相互相混合,各相逐渐成为细小的液滴,分散到另一相中,然后其中的一相再合并为分散介质,而形成乳状液。制备乳状液时,要注意掌握振荡和搅拌的时间。

1. 判断乳状液类型的方法

(1) 稀释法。

将水加入乳状液中,若水与分散介质互溶,则乳状液是 O/W 型;若水与分散介质不互溶,出现分层现象,则乳状液是 W/O 型。

(2) 染色法。

以油溶性染料苏丹Ⅲ加到乳状液中去,如分散相呈现红色,则乳状液是 O/W 型;如分散介质呈红色,则乳状液是 W/O 型。加入水溶性染料如次甲基蓝试验亦可判断乳状液类型,结果与上相反。

(3) 电导法。

水和水溶液的电导比油溶性溶剂的电导大很多,因此 O/W 乳状液的电导应大于 W/O 乳状液的电导。所以根据电导的大小可以确定乳状液的类型。

2. 乳状液的破乳方法

(1) 顶替法。

在乳状液中加入一种表面活性更大,但不能形成巩固的膜的物质(如戊醇),由于它的表面活性大,吸附力强,可将原来的乳化剂顶替下来,可是它又不能形成坚固的保护膜,所以乳状液的稳定性降低,可达到破乳的目的。

(2) 化学破坏法。

用皂类作乳化剂时,加入酸,皂类变为脂肪酸。因为脂肪酸不溶于水而析出,油、水界面没有保护膜了,容易聚结,这样也可以破乳。

(3) 高压电法。

在高压电场的作用下,原油中的水分子定向互相吸引,水滴加大,可达到破乳的目的。

三、仪器与试剂

电导率仪,显微镜,磨口锥瓶(150mL,250mL),量筒,试管。

2%油酸钠水溶液,0.2%油酸钙苯溶液,0.2%土温-80水溶液,0.2%司盘-80苯溶液,1%苏丹Ⅲ溶液,0.5%次甲基蓝溶液,戊醇(分析纯),冰乙酸(分析纯),苯(分析纯)。

四、实验步骤

1. 乳状液的制备

(1) 乳状液Ⅰ:取2%油酸钠水溶液40mL于250mL磨口锥形瓶中,加入2mL苯剧烈振荡半分钟,继续加苯(每次2mL),直到加入苯的总量为40mL时为止。仔细观察每次加入苯及振荡后的现象。

(2) 乳状液Ⅱ:取0.2%油酸钙苯溶液14mL于150mL磨口锥形瓶中,加入1mL水剧烈振荡半分钟,继续加水(每次1mL),直到加入水的总量为6mL时为止。

(3) 乳状液Ⅲ:取0.2%土温-80水溶液10mL于150mL磨口锥形瓶中,加入1mL苯剧烈振荡半分钟,继续加苯(每次1mL),直到加入苯的总量为10mL时为止。

(4) 乳状液Ⅳ:取0.2%司盘-80苯溶液14mL于150mL磨口锥形瓶中,按(2)操作。

2. 乳状液类型鉴别

(1) 稀释法:取试管1支,装水一半,用玻璃棒蘸取乳状液Ⅰ少许于水中,轻轻搅拌,观察现象并记录。

(2) 染色法:取2mL乳状液Ⅰ于试管中,加入1%苏丹Ⅲ溶液2滴,摇匀,取1滴于载片上,在显微镜下观察,记录显红色的是分散相还是分散介质。再用0.5%次甲基蓝溶液,按上述操作,观察显蓝色的是分散相还是分散介质,并记录。

(3)电导法:将30mL乳状液Ⅰ倒入150mL小烧杯中,按测定电导的方法操作,视指针偏转的大小,确定乳状液的类型。

在上述方法中,任选一种方法,对乳状液Ⅱ、乳状液Ⅲ、乳状液Ⅳ进行鉴别,并记录所观察的现象。

3. 乳状液的破乳

(1)取乳状液Ⅰ2mL于试管中,加入2mL戊醇,剧烈振荡后,静置数分钟,目测所发生的变化,并取少量乳状液,在显微镜下观察,并记录所看到的现象。

(2)取2mL乳状液Ⅰ于试管中,缓慢加入2mL冰乙酸,观察其变化情况。振荡后静置,目测所发生的变化,并取少量乳状液,在显微镜下观察,并记录所看到的现象。

五、数据记录及处理

(1)对各种乳状液的鉴别及观察到的现象按下表记录,并确定其类型。

方法 \ 现象	乳状液Ⅰ	乳状液Ⅱ	乳状液Ⅲ	乳状液Ⅳ
稀释法				
染色法				
电导法				
类型				

(2)对破乳的实验现象按下表记录,并解释产生各种现象的原因。

方法 \ 项目	实验现象	原因
破乳1		
破乳2		

实验七 表面活性剂增溶作用的测定

一、实验目的

(1)掌握测定增溶作用的方法。
(2)测定苯在表面活性剂溶液中的增溶量。

二、实验原理

当表面活性剂在水中的浓度等于和大于该表面活性剂的临界胶束浓度时,原不溶或溶解很少的物质的溶解度显著增加,这一现象称为增溶作用。例如,25℃时苯在水中的溶解度很小($0.082g \cdot 100g^{-1}$),而在$0.4mol \cdot L^{-1}$十四酸钾水溶液中可达$1.32g \cdot 100g^{-1}$。

增溶作用是表面活性剂的特有性质,是由于胶束的形成而出现的现象。增溶作用的大小与被增溶物及表面活性剂的性质有关,即与被增溶物的结构特点、表面活性剂的 CMC、胶束的大小以及影响这些因素的其他各种因素(如温度、无机和有机添加物的加入等)有关。因此在研究增溶作用时要综合考察各种因素的影响,比较增溶能力的大小应在相同条件下进行。

测定增溶作用的方法随研究体系的不同而不同。例如,研究染料的增溶用比色法,研究有机液体的增溶用分光光度法、浊度法、光散射法等。

测定苯在表面活性剂溶液中的增溶量是采用分光光度法测定溶液的浊度而得到的。配制某一表面活性剂溶液(浓度大于 CMC),取相同体积的该溶液若干份,分别加入不同体积的苯。当加入的苯能被全部增溶时,溶液呈透明状;当加入的苯超过增溶极限量时,溶液浑浊。测定溶液的吸光度(或浊度)和加入苯量的关系,以吸光度 A 对加入的苯量 $V(\text{mL})$ 作图,结果如图 9-6 所示。图中曲线是溶液的吸光度(或浊度)与苯的加入量的关系,直线是理论上溶液的吸光度。V' 处对应的苯的体积为其在表面活性剂溶液中的最大增溶体积。表面活性剂的增溶量(增溶能力)可以用下式计算

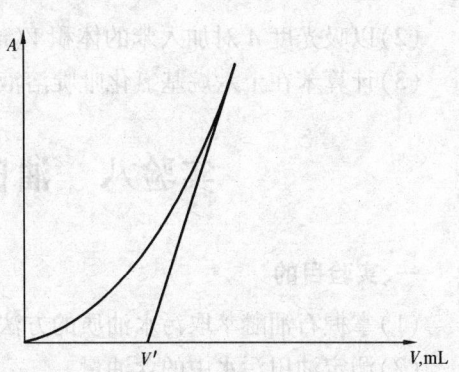

图 9-6　吸光度与苯量的关系

$$Z(\text{g/g}) = \frac{\text{被溶物质质量(g)}}{\text{表面活性剂质量(g)}}$$

则苯在表面活性剂溶液中的增溶量为

$$Z(\text{g/g}) = \frac{\text{苯的质量(g)}}{\text{表面活性剂质量(g)}}$$

$$= \rho V' / \text{活性剂的质量}$$

其中 ρ 为测定温度时苯的密度($\text{g} \cdot \text{mL}^{-1}$)。

三、仪器与试剂

分光光度计,恒温振荡器,容量瓶,移液管,磨口试管,微量注射器。

苯,十六烷基氯化吡啶溶液(1%)。

四、实验步骤

(1) 用 250mL 容量瓶配制 1% 的十六烷基氯化吡啶溶液。

(2) 用 5mL 移液管向 10 支干燥磨口试管中各移入 5mL 1% 的十六烷基氯化吡啶溶液,用微量注射器向 10 支试管中分别加入 0.020mL, 0.025mL, 0.030mL, 0.035mL, 0.040mL, 0.045mL, 0.050mL, 0.055mL, 0.060mL, 0.065mL 苯。然后将试管盖紧,并迅速摇动几次。

(3) 在恒温振荡器中(温度为室温)振荡 20min。

(4) 用分光光度计测定各溶液的吸光度 A,用蒸馏水作参比溶液,测定按加入苯量从少至多的顺序依次进行。当加入的苯量超过最大增溶体积时可能形成不稳定的乳状液,因此在试样测定前必须猛烈摇动几次。选用波长 500nm。

五、数据记录及处理

(1) 记录苯加入量与十六烷基氯化吡啶溶液的吸光度值。

室温：					大气压：					
$V_{苯}$,mL	0.020	0.025	0.030	0.035	0.040	0.045	0.050	0.055	0.060	0.065
A										

(2) 以吸光度 A 对加入苯的体积 V(mL)作图,确定折点处对应的苯体积。

(3) 计算苯在十六烷基氯化吡啶溶液中的增溶量 Z。

实验八 油田污水含油量的测定

一、实验目的

(1) 掌握石油醚萃取污水油质的方法。
(2) 测定油田污水中的含油量。

二、实验原理

污水含油量是指在酸性条件下,水中可以被石油醚萃取出的石油类物质的含量,单位是 $mg \cdot L^{-1}$。污水中的油质被石油醚等有机溶剂萃取,萃取液颜色的深浅与含油量在一定浓度范围内呈线性关系(见图9-7),将萃取液在分光光度计上进行比色,就可以得到污水中的含油量。具体方法是测定标准油的吸光度与含油量的关系,由此确定油田污水中的含油量。

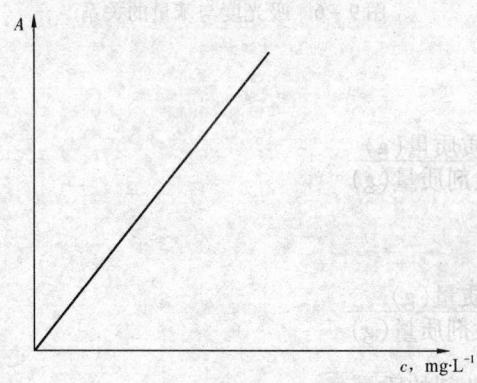

图 9-7 吸光度与污水含油量的关系

三、仪器与试剂

分光光度计,恒温水浴(室温~100℃,恒温灵敏度±2℃),容量瓶(50mL,500mL),移液管(1mL,5mL,10mL),比色管(50mL,100mL),分液漏斗(聚四氟乙烯活塞),500mL,量筒(100mL,250mL)。

盐酸溶液(1:1),分析纯石油醚(沸程60~90℃)。

四、实验步骤

1. 标准曲线的绘制

(1) 标准油的制备。

标准油是指与被测水样含有相同油质的原油,在规定温度下,经过一定时间蒸发后所得到的组分。

取适量与待测污水同源的处理站原油(含水小于3%),置于200mL烧杯中,在水浴中78~80℃温度下恒温24h,蒸去轻质成分,即得标准油样。

(2) 标准油溶液的配制。

从制备的标准油样中部称取 0.5g 标准油,用石油醚溶解于 500mL 容量瓶内并稀释至刻度,此标准油溶液的含油浓度为 $1000mg \cdot L^{-1}$。

(3)标准曲线的绘制。

用移液管分别吸取 0.00mL,0.25mL,0.50mL,1.00mL,2.00mL,3.00mL,4.00mL,5.00mL 的标准油溶液置于 8 个 50mL 容量瓶中,分别用石油醚稀释至刻度并摇匀,此时标准油溶液的浓度分别是:$0mg \cdot L^{-1}$,$5mg \cdot L^{-1}$,$10mg \cdot L^{-1}$,$20mg \cdot L^{-1}$,$40mg \cdot L^{-1}$,$60mg \cdot L^{-1}$,$80mg \cdot L^{-1}$,$100mg \cdot L^{-1}$。以石油醚为空白,在分光光度计(波长 430nm)上测定标准油的吸光度。

2. 污水含油量的测定

(1)污水样的采集。

用洗净、烘干的 50mL 具塞比色管取样。取样前将取样阀打开,以 $5 \sim 6L \cdot min^{-1}$ 的流速畅流 3min 后再取样,取样时切勿用水样冲洗比色管,并且要一次取准 50mL。

(2)萃取污水中的油质。

① 将取好的水样仔细移入分液漏斗中,加入盐酸(1∶1)4~10 滴,调 pH 值至 2(水样如果已酸化,则不需要加酸),用 50mL 石油醚分 2 次萃取水样,每次先用石油醚冲洗取水样的比色管,然后倒入分液漏斗中充分振摇,不断放气,待水样中油品溶解到石油醚中,将分液漏斗静置 3~5min,将水层移入另一只分液漏斗中再重复进行一次萃取,将两次萃取液都收集于比色管中并摇匀。

② 如萃取后水样颜色较深,重复①的操作,直至萃取后的水样无色为止,记录萃取倍数 n。

③ 如萃取液的颜色较深,超过了测量范围,可用移液管准确移取适量的萃取液,用石油醚稀释 m 倍。

(3)用石油醚作空白样,测定萃取液的吸光度。

五、数据记录及处理

1. 标准曲线的绘制

根据测得的吸光度值和对应的含油量绘制标准曲线。

室温:　　　　大气压:

c,mg·L^{-1}	0.00	5.00	10.00	20.00	40.00	60.00	80.00	100.0
A								

2. 污水含油量的计算

由萃取液的吸光度在标准曲线上读出含油量 C_0,污水含油量按下式计算

$$C_x = C_0 \times m/n$$

式中　C_x——污水含油量,$mg \cdot L^{-1}$;

C_0——分光光度计读出的含油量(或标准曲线中查出),$mg \cdot L^{-1}$;

n——萃取倍数;

m——稀释倍数。

3. 相对偏差

两平行样的相对误差不应超过 10%。

附 录

附录一 水的饱和蒸气压、密度、粘度及表面张力

温度 t,℃	饱和蒸汽压 p,kPa	密度 ρ,g·cm^{-3}	粘度 η,mPa·s	表面张力 σ,mN·m^{-1}
0	0.6105	0.999840	1.787	75.64
1	0.6567	0.999899	1.728	—
2	0.7058	0.999940	1.671	—
3	0.7579	0.999964	1.618	—
4	0.8134	0.999972	1.567	—
5	0.8723	0.999964	1.519	74.94
6	0.9350	0.999940	1.472	—
7	1.0017	0.999902	1.428	—
8	1.0726	0.999840	1.386	—
9	1.1478	0.999781	1.346	—
10	1.2278	0.999700	1.307	74.22
11	1.3124	0.999606	1.271	74.07
12	1.1023	0.999498	1.235	73.93
13	1.1973	0.999378	1.202	73.78
14	1.5981	0.999245	1.169	73.64
15	1.7049	0.999101	1.139	73.49
16	1.8177	0.998944	1.109	73.34
17	1.9372	0.998776	1.081	73.19
18	2.0634	0.998597	1.053	73.05
19	2.1967	0.998407	1.027	72.90
20	2.3378	0.998206	1.002	72.75
21	2.4865	0.997994	0.9779	72.59
22	2.6434	0.997772	0.9548	72.44
23	2.8088	0.997540	0.9325	72.28
24	2.9833	0.997299	0.9111	72.13
25	3.1672	0.997047	0.8904	71.97
26	3.3609	0.996786	0.8705	71.82
27	3.5649	0.996516	0.8513	71.66
28	3.7795	0.996236	0.8327	71.50
29	4.0054	0.995948	0.8148	71.35

续表

温度 t,℃	饱和蒸汽压 p,kPa	密度 ρ,g·cm^{-3}	粘度 η,mPa·s	表面张力 σ,mN·m^{-1}
30	4.2428	0.995650	0.7975	71.18
31	4.4923	0.995344	0.7808	—
32	4.7547	0.995030	0.7647	—
33	5.0301	0.994706	0.7491	—
34	5.3193	0.994375	0.7340	—
35	5.6229	0.994036	0.7191	70.38
36	5.9412	0.993688	0.7052	—
37	6.2751	0.993332	0.6915	—
38	6.6250	0.992969	0.6783	—
39	6.9917	0.992598	0.6654	—
40	7.3759	0.992219	0.6529	68.74
45	9.5830	0.990220	0.5960	68.74
50	12.334	0.988050	0.5468	67.91
55	15.737	0.985700	0.5040	67.05
60	19.916	0.983210	0.4665	66.18
65	25.003	0.980570	0.4335	—
70	31.160	0.977790	0.4042	64.42
75	38.540	0.974860	0.3781	—
80	47.340	0.971830	0.3547	62.61
85	57.810	0.968620	0.3337	—
90	70.095	0.965320	0.3147	60.75
95	84.513	0.961890	0.2975	—
100	101.325	0.958350	0.2818	58.85

附录二 不同温度时部分液体的密度

g·cm^{-3}

温度 t,℃	乙醇	苯	丙酮	环己烷	四氯化碳	三氯甲烷	汞
0	0.8063	—	0.8125	0.7971	1.6326	1.5264	13.5955
5	0.8020	—	0.8070	0.7926	1.6230	1.5171	13.5831
10	0.7978	0.8894	0.8014	0.7881	1.6134	1.5078	13.5708
15	0.7936	0.8841	0.7958	0.7835	1.6037	1.4984	13.5584
20	0.7894	0.8787	0.7901	0.7789	1.5941	1.4890	13.5461
21	0.7886	0.8777	0.7890	0.7780	1.5921	1.4871	—
22	0.7877	0.8766	0.7879	0.7771	1.5902	1.4852	—
23	0.7869	0.8755	0.7867	0.7762	1.5882	1.4833	—

续表

温度 t,℃	乙醇	苯	丙酮	环己烷	四氯化碳	三氯甲烷	汞
24	0.7860	0.8745	0.7856	0.7752	1.5863	1.4815	—
25	0.7852	0.8734	0.7844	0.7743	1.5843	1.4796	13.5339
26	0.7843	0.8723	0.7833	0.7734	1.5824	1.4777	—
27	0.7835	0.8713	0.7822	0.7724	1.5800	1.4757	—
28	0.7826	0.8702	0.7810	0.7715	1.5785	1.4738	—
29	0.7818	0.8691	0.7799	0.7705	1.5766	1.4719	—
30	0.7809	0.8680	0.7787	0.7696	1.5746	1.4700	13.5216
35	0.7767	0.8627	0.7729	0.7649	1.5648	1.4604	13.5094
40	0.7722	0.8573	0.7671	0.7601	1.5550	1.4508	13.4971
45	—	0.8519	0.7612	0.7553	—	1.4410	13.4849
50	0.7632	0.8465	0.7553	0.7504	—	1.4312	13.4727
55	—	0.8411	—	0.7456	—	1.4213	13.4605
60	0.7541	0.8356	—	0.7406	—	—	13.4484
65	—	0.8302	—	0.7357	—	—	—
70	—	0.8247	—	—	—	—	—

附录三　不同温度时部分液体的表面张力

$mN \cdot m^{-1}$

温度,℃	环己烷	三氯甲烷	四氯化碳	苯	甲苯	乙醇	环己醇	苯乙酮	乙酸
0	—	—	—	—	—	—	—	—	—
5	—	—	—	—	—	—	—	—	—
10	26.43	—	—	30.22	29.71	23.22	—	—	—
15	25.84	27.97	27.65	29.56	29.12	22.80	—	—	—
20	25.24	27.32	27.04	28.90	28.52	22.39	33.40	39.61	27.59
21	25.13	27.19	26.92	28.77	28.40	22.30	33.30	39.50	27.49
22	25.01	27.06	26.80	28.64	28.28	22.22	33.20	39.38	27.39
23	24.89	26.93	26.67	28.50	28.17	22.14	33.11	39.27	27.29
24	24.77	26.80	26.55	28.37	28.05	22.05	33.01	39.15	27.19
25	24.65	26.67	26.43	28.24	27.93	21.97	32.92	39.03	27.10
26	24.53	26.54	26.31	28.11	27.81	21.89	32.82	38.92	27.00
27	24.41	26.41	26.19	27.98	27.69	21.80	32.72	38.80	26.90
28	24.29	26.28	26.06	27.84	27.57	21.72	32.63	38.69	26.80
29	24.17	26.15	25.94	27.71	27.45	21.64	32.53	38.57	26.70
30	24.06	26.02	25.82	27.58	27.33	21.55	32.43	38.46	26.60

续表

温度,℃	环己烷	三氯甲烷	四氯化碳	苯	甲苯	乙醇	环己醇	苯乙酮	乙酸
35	23.46	25.38	25.21	26.92	26.74	21.14	31.95	37.88	26.10
40	22.87	24.73	24.59	26.26	26.14	20.72	31.47	37.30	25.60
45	22.27	24.08	23.98	25.60	25.55	20.31	30.98	36.73	25.11
50	21.68	23.44	23.37	24.94	24.96	19.89	30.50	36.15	24.61
55	21.09	22.79	22.76	24.28	24.36	19.47	30.02	35.57	24.11
60	20.49	22.14	22.15	23.62	23.77	19.06	29.53	35.00	23.62
65	19.89	21.49	21.53	22.96	23.17	18.64	29.05	34.42	23.12
70	19.30	20.84	20.92	22.30	22.58	18.23	28.57	33.84	22.62
75	—	20.20	20.31	21.64	21.98	—	28.09	33.27	22.12
80	—	—	19.70	20.98	21.39	—	27.60	32.69	21.63
85	—	—	19.09	—	20.79	—	27.12	32.11	21.13
90	—	—	18.47	—	20.20	—	26.64	—	20.63
95	—	—	17.86	—	19.60	—	26.15	—	—
100	—	—	17.25	—	19.01	—	25.67	—	—

附录四 部分表面活性剂的 HLB 值

商品名称	表面活性剂	类型	HLB 值
Span 85	失水山梨醇三油酸酯	非离子	1.8
Atlas G-1706	聚氧乙烯山梨醇蜂蜡衍生物	非离子	2.0
Span 65	失水山梨醇三硬脂酸酯	非离子	2.1
Atlas G-1050	聚氧乙烯山梨醇六硬脂酸酯	非离子	2.6
Emcol EO-50	乙二醇脂肪酸酯	非离子	2.7
Atlas G-1704	聚氧乙烯山梨醇蜂蜡衍生物	非离子	3.0
Emcol PO-50	丙二醇脂肪酸酯	非离子	3.4
Atlas G-922	丙二醇单硬脂酸酯	非离子	3.4
Emcol EL-50	乙二醇脂肪酸酯	非离子	3.6
Emcol PP-50	丙二醇脂肪酸酯	非离子	3.7
Arlacel C	失水山梨醇倍半油酸酯	非离子	3.7
Atlas G-2859	聚氧乙烯山梨醇 4.5 油酸酯	非离子	3.7
Atmul 84	甘油单硬脂酸酯	非离子	3.8
Atlas G-1727	聚氧乙烯山梨醇蜂蜡衍生物	非离子	4.0
Emcol PM-50	丙二醇脂肪酸酯	非离子	4.1
Span 80	失水山梨醇单油酸酯	非离子	4.3
Arlacel 80	失水山梨醇单油酸酯	非离子	4.3
Atlas G-917	丙二醇单月桂酸酯	非离子	4.5

续表

商品名称	表面活性剂	类型	HLB 值
Emcol PL-50	丙二醇脂肪酸酯	非离子	4.5
Span 60	失水山梨醇单硬脂酸酯	非离子	4.7
Atlas G-2139	二乙二醇单油酸酯	非离子	4.7
Atlas G-1702	聚氧乙烯山梨醇蜂蜡衍生物	非离子	5.0
Emcol DP-50	二乙二醇脂肪酸酯	非离子	5.1
Aldo 28	甘油单硬脂酸酯	阴离子	5.5
Tegin	甘油单硬脂酸酯	阴离子	5.5
Emcol DM-50	二乙二醇脂肪酸酯	非离子	5.6
Atlas G-1725	聚氧乙烯山梨醇蜂蜡衍生物	非离子	6.0
Atlas G-2124	二乙二醇单月桂酸酯	非离子	6.1
Emcol DL-50	二乙二醇脂肪酸酯	非离子	6.1
Atlas G-3300	烷基芳基磺酸酯	阴离子	11.7
	三乙醇胺油酸酯	阴离子	12.0
	油酸钠	阴离子	18.0
	油酸钾	阴离子	20.0
	N-十六烷基-N-乙基吗啉基乙基硫酸盐	阳离子	25~30
	纯月桂基硫酸钠	阴离子	约40

附录五 表面活性剂在水溶液中的临界胶束浓度 CMC

类型	表面活性剂	温度,℃	$CMC, mol \cdot L^{-1}$
阴离子	$C_{12}H_{25}SO_3Na$	40	9.7×10^{-3}
阴离子	$C_{12}H_{25}SO_4Na$	40	8.6×10^{-3}
阴离子	$C_{14}H_{29}SO_3Na$	40	2.5×10^{-3}
阴离子	$C_{14}H_{29}SO_4Na$	40	2.2×10^{-3}
阴离子	$C_{16}H_{33}SO_3Na$	50	7.0×10^{-4}
阴离子	$C_{16}H_{33}SO_4Na$	40	5.8×10^{-4}
阴离子	$C_{18}H_{37}SO_4Na$	50	2.3×10^{-4}
阴离子	$C_{12}H_{25}SO_4Li$	25	8.9×10^{-3}
阴离子	$C_{12}H_{25}SO_4K$	40	7.8×10^{-3}
阴离子	$(C_{12}H_{25}SO_4)_2Ca$	70	3.4×10^{-3}
阳离子	$[C_{12}H_{25}N(CH_3)_3]Br$	25	1.6×10^{-2}
阳离子	$[C_{12}H_{25}N(CH_3)_3]Cl$	25	2.0×10^{-2}
阳离子	十二烷基氯化吡啶	25	1.5×10^{-2}
阳离子	十四烷基溴化吡啶	30	2.6×10^{-3}

续表

类型	表面活性剂	温度,℃	CMC, mol·L^{-1}
阳离子	十六烷基氯化吡啶	25	9.0×10^{-4}
阳离子	十八烷基氯化吡啶	25	2.4×10^{-4}
阳离子	$[C_{14}H_{29}N(CH_3)_3]Br$	30	3.5×10^{-3}
阳离子	$[C_{14}H_{29}N(CH_3)_3]Cl$	25	4.5×10^{-3}
阳离子	$[C_{16}H_{33}N(CH_3)_3]Br$	25	9.2×10^{-4}
阳离子	$[C_{16}H_{33}N(CH_3)_3]Cl$	30	1.3×10^{-3}
非离子	$C_4H_9(C_2H_4O)_6H$	20	8.0×10^{-1}
非离子	$C_4H_9(C_2H_4O)_6H$	40	7.1×10^{-1}
非离子	$C_{12}H_{25}(C_2H_4O)_4OH$	25	4.0×10^{-5}
非离子	$C_{12}H_{25}(C_2H_4O)_4H$	55	1.7×10^{-5}
非离子	$C_{12}H_{25}(C_2H_4O)_7H$	25	5.0×10^{-5}
非离子	$C_{16}H_{33}O(C_2H_4O)_7H$	25	1.7×10^{-6}
非离子	$C_{16}H_{33}O(C_2H_4O)_9H$	25	2.1×10^{-6}
非离子	$C_{16}H_{33}O(C_2H_4O)_{12}H$	25	2.3×10^{-6}
非离子	$C_{16}H_{33}O(C_2H_4O)_{15}H$	25	3.1×10^{-6}
非离子	$C_{16}H_{33}O(C_2H_4O)_{21}H$	25	3.9×10^{-6}
两性离子	$C_8H_{17}N^+(CH_3)_2CH_2COO^-$	27	2.5×10^{-1}
两性离子	$C_8H_{17}CH(COO^-)N^+(CH_3)_3$	27	9.7×10^{-2}
两性离子	$C_8H_{17}CH(COO^-)N^+(CH_3)_3$	60	8.6×10^{-3}
两性离子	$C_{10}H_{21}CH(COO^-)N^+(CH_3)_3$	27	1.3×10^{-2}
两性离子	$C_{12}H_{25}CH(COO^-)N^+(CH_3)_3$	27	1.3×10^{-3}

参 考 文 献

[1] 傅献彩,沈文霞. 物理化学. 北京:高等教育出版社,2006.
[2] 北京大学化学系. 胶体与界面化学实验. 北京:北京大学出版社,1993.
[3] 复旦大学. 物理化学实验. 北京:人民教育出版社,2000.
[4] 山东大学. 物理化学与胶体化学实验. 北京:人民教育出版社,1982.
[5] 成都科学技术大学. 物理化学实验. 北京:高等教育出版社,1989.
[6] 沈钟,王果庭. 胶体与界面化学. 北京:化学工业出版社,1997.
[7] 康万利,董喜贵. 三次采油化学原理. 北京:化学工业出版社,1997.
[8] 侯万国,孙德军. 应用胶体化学. 北京:化学工业出版社,1997.
[9] 潘祖仁,孙经武. 高分子化学. 北京:化学工业出版社,1982.
[10] 德鲁·迈克斯. 表面、界面和胶体——原理及应用. 吴大诚,译. 北京:化学工业出版社,2005.
[11] 赵福麟. 采油化学. 东营:石油大学出版社,1994.
[12] 赵福麟. 采油用剂. 东营:石油大学出版社,1997.
[13] 赵福麟. 油田化学. 东营:石油大学出版社,2000.
[14] 中国科学技术大学高分子物理教研室. 高聚物的结构与性能. 北京:科学出版社,1983.
[15] 林尚安. 高分子化学. 北京:科学出版社,1984.
[16] 夏俭英. 泥浆高分子化学. 东营:石油大学出版社,1994.
[17] 达利 H C H,格雷 G R,钻井液和完井液的组分与性能. 鲍有光,译. 北京:石油工业出版社,1994.
[18] 吴隆杰,杨凤霞. 钻井液处理剂胶体化学原理. 成都:成都科技大学出版社,1992.
[19] 于涛,丁伟,罗洪君. 油田化学剂. 北京:石油工业出版社,2002.
[20] 黄汉仁,杨坤鹏,罗平亚. 泥浆工艺原理. 北京:石油工业出版社,1995.
[21] 郑晓宇,吴肇亮. 油田化学品. 北京:化学工业出版社,2001.
[22] 李健鹰. 泥浆胶体化学. 东营:石油大学出版社,1988.
[23] 印永嘉. 物理化学简明手册. 北京:高等教育出版社,1988.
[24] 四川石油管理局. 钻井测试手册. 北京:石油工业出版社,1978.
[25] 杨承志. 化学驱提高石油采收率. 北京:石油工业出版社,1999.
[26] 王克亮,王凤兰,李群,等. 改善聚合物驱油技术研究. 北京:石油工业出版社,1997.
[27] 姜继水,宋吉水. 提高石油采收率技术. 北京:石油工业出版社,1999.
[28] 徐燕莉. 表面活性剂的功能. 北京:化学工业出版社,2001.
[29] 刘一江,王香增. 化学调剖堵水技术. 北京:石油工业出版社,1999.
[30] 苏曼 J O,埃利斯 I C,斯奈德 L E. 防砂技术. 北京:石油工业出版社,1988.
[31] 郭平,刘士鑫,杜建芬. 天然气水合物气藏开发. 北京:石油工业出版社,2006.
[32] 《油气田腐蚀与防护技术手册》编委会. 油气田腐蚀与防护技术手册. 北京:石油工业出版社,1999.
[33] 李化民. 油田含油污水处理. 北京:石油工业出版社,1992.
[34] 陆柱. 油田水处理技术. 北京:石油工业出版社,1990.